娃娃服縫紉BOOK

荒木佐和子の紙型教科書2

—— 娃娃服の裙子・褲子 ——

荒木佐和子　著

CONTENTS

※

「芙莉兔妹妹」
縫製娃娃裝的初學者兔子妹妹

「泡芙貓老師」
洋裁達人貓咪老師

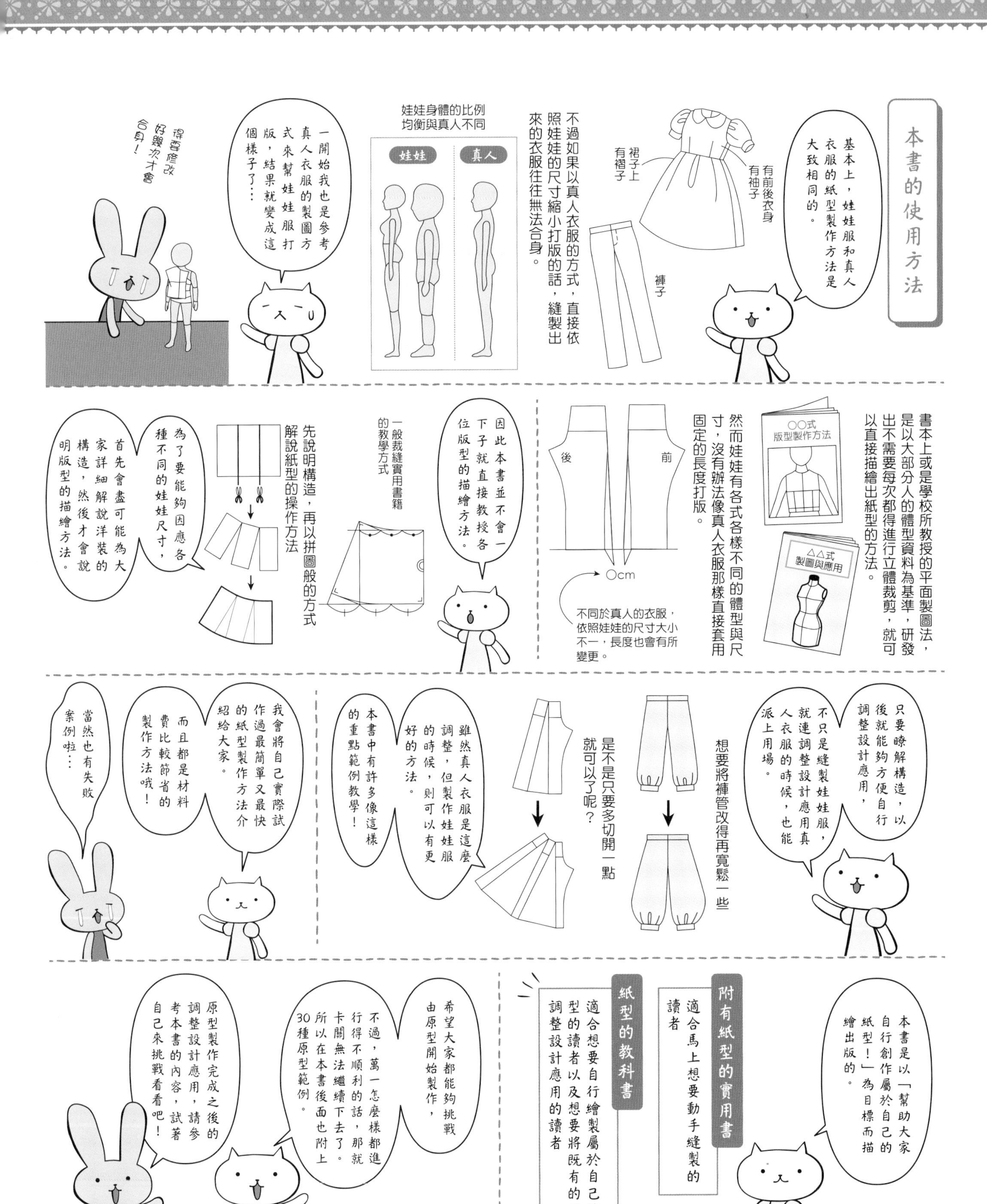
本書的使用方法
基本上，娃娃服和真人衣服的紙型製作方法是大致相同的。
有前後衣身
有袖子
裙子上有褶子
褲子
不過如果以真人衣服的方式，直接依照娃娃的尺寸縮小打版的話，縫製出來的衣服往往無法合身。
娃娃身體的比例均衡與真人不同
娃娃
真人
一開始我也是參考真人衣服的製圖方式來幫娃娃服打版，結果就變成這個樣子了…
得要修改好幾次才會合身！
書本上或是學校所教授的平面製圖法，是以大部分人的體型資料為基準，研發出不需要每次都得進行立體裁剪，就可以直接描繪出紙型的方法。
○○式 版型製作方法
△△式 製圖與應用
然而娃娃有各式各樣不同的體型與尺寸，沒有辦法像真人衣服那樣直接套用固定的長度打版。
後
前
0cm
不同於真人的衣服，依照娃娃的尺寸大小不一，長度也會有所變更。
因此本書並不會一下子就直接教授各位版型的描繪方法。
一般裁縫實用書籍的教學方式
先說明構造，再以拼圖般的方式解說紙型的操作方法
為了要能夠因應各種不同的娃娃尺寸，
首先會盡可能為大家詳細解說洋裝的構造，然後才會說明版型的描繪方法。
只要瞭解構造，以後就能夠方便自行調整設計應用，
不只是縫製娃娃服，就連調整設計應用真人衣服的時候，也能派上用場。
想要將褲管改得再寬鬆一些
是不是只要多切開一點就可以了呢？
雖然真人衣服是這麼調整，但製作娃娃服的時候，則可以有更好的方法。
本書中有許多像這樣的重點範例教學！
我會將自己實際試作過最簡單又最快的紙型製作方法介紹給大家。
而且都是材料費比較節省的製作方法哦！
當然也有失敗案例啦…
本書是以「幫助大家自行創作屬於自己的紙型！」為目標而描繪出版的。
附有紙型的實用書
適合馬上想要動手縫製的讀者
紙型的教科書
適合想要自行繪製屬於自己的紙型的讀者以及想要將既有的紙型調整設計應用的讀者
希望大家都能夠挑戰由原型開始製作，
不過，萬一怎麼樣都進行得不順利的話，那就卡關無法繼續下去了。所以在本書後面也附上30種原型範例。
原型製作完成之後的調整設計應用，請參考本書的內容，試著自己來挑戰看看吧！

決定好款式設計

人家不知道裙子的紙型長度應該要設定為幾公分才好？

如果將以下這些事先準備好的話會很方便哦！

拍攝娃娃的正面全身照片，然後以同等尺寸列印出來。

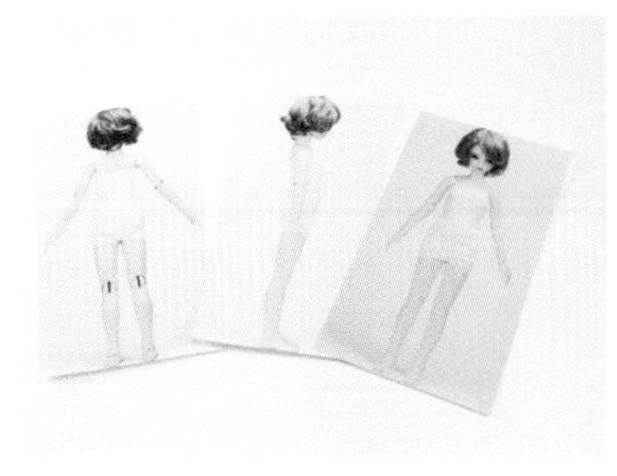

不只是正面，將側面、背面也拍攝下來更好

↓請注意不要變成這個樣子↓

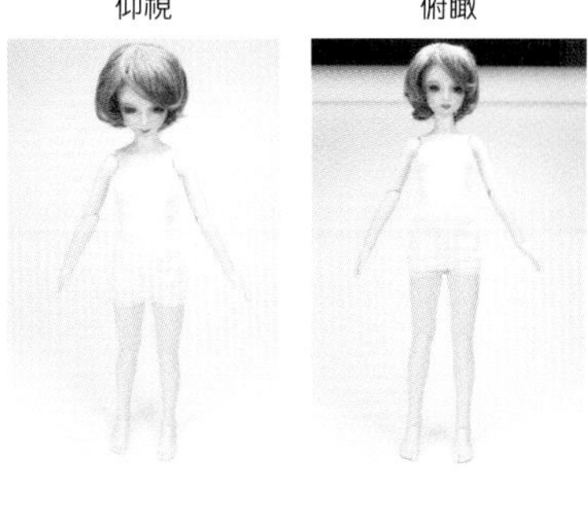

以設計好的服裝設計圖為基礎，將描圖紙蓋在照片上，描繪出自己喜歡的款式設計。

想要的肩寬及裙長尺寸，幾乎都可以在這裏測量到實際的尺寸。

畫出來的洋裝草圖和實際完成的衣服幾乎一樣，

這麼一來，可以避免縫製出與心中所想的設計完全不同的失敗作品。

原來如此！

在距離較遠的位置拍攝照片，比較不容易出現鏡頭變形，可以列印出更正確的尺寸。

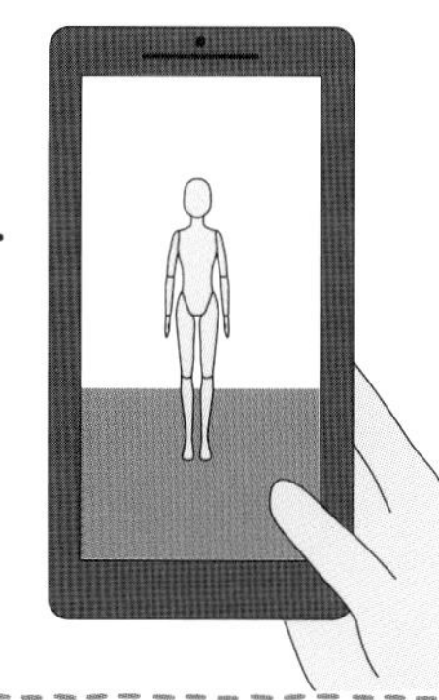

使用繪圖軟體，設定一個與娃娃身高相同的框架，然後將照片中的娃娃放大至符合框架的尺寸。

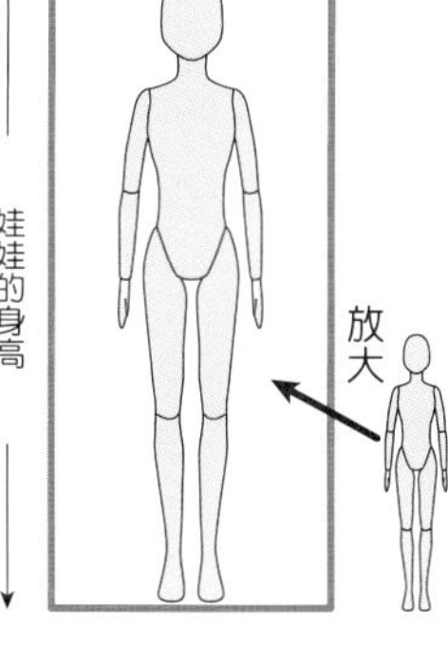

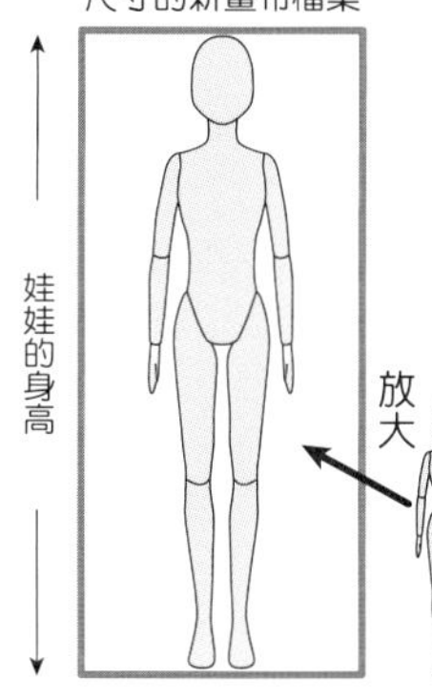

如果在極近距離拍攝的話，有可能會拍出比例均衡不正確的照片，請多加注意。

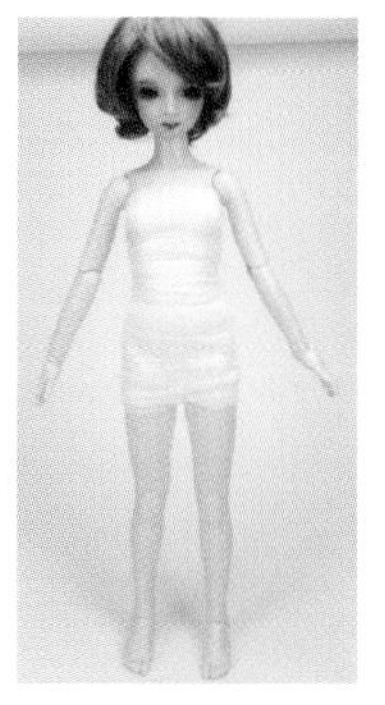

頭部比例拍得過大

如果是尺寸很大的娃娃，只列印出一半的大小也OK！

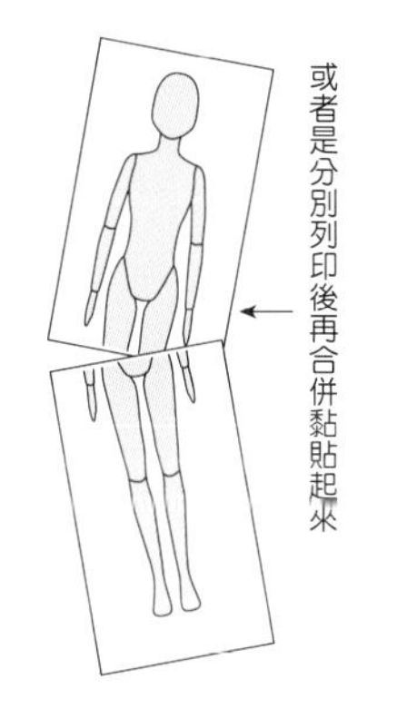

這個方法像是製作長裙的紙型，或是製作長度比較不容易事先預想的禮服時非常方便。

順便將開口的位置一併確定下來吧！

事先確認這件衣服是否能夠穿得下，也是很重要的步驟哦！

Chapter *1.*

以四角形布料製作裙子

— SKIRT I —

嗯～布寬要保留多少，可能稍微有些難以理解也說不定
可是人家以前試作的結果變成這樣…
本來想製作成裙襬更寬的款式
初學者請先由這個款式的裙子開始製作吧！
長方形版型的裙子
如果是想要讓娃娃坐下時，裙子可以漂亮張開的測量方法
裙子的長度
使用鐵線像這個樣子測量出裙襬大略的圓周。
裙子的長度
鐵線？
可以自由彎折
像這種時候，這個道具就很方便哦！
扭來
扭去
將鐵線拉直
裙子的布料寬度
裙子的長度
相同裙長
出現差異
裙子的長度會因為褶子的數量或多或少有些變化，請注意！
保留縫份的方法
腰圍線的縫份
配合娃娃的大小或是鬆緊帶的粗細進行調整
裙襬的縫份
這部分也會因為娃娃的大小而有不同的處理方式

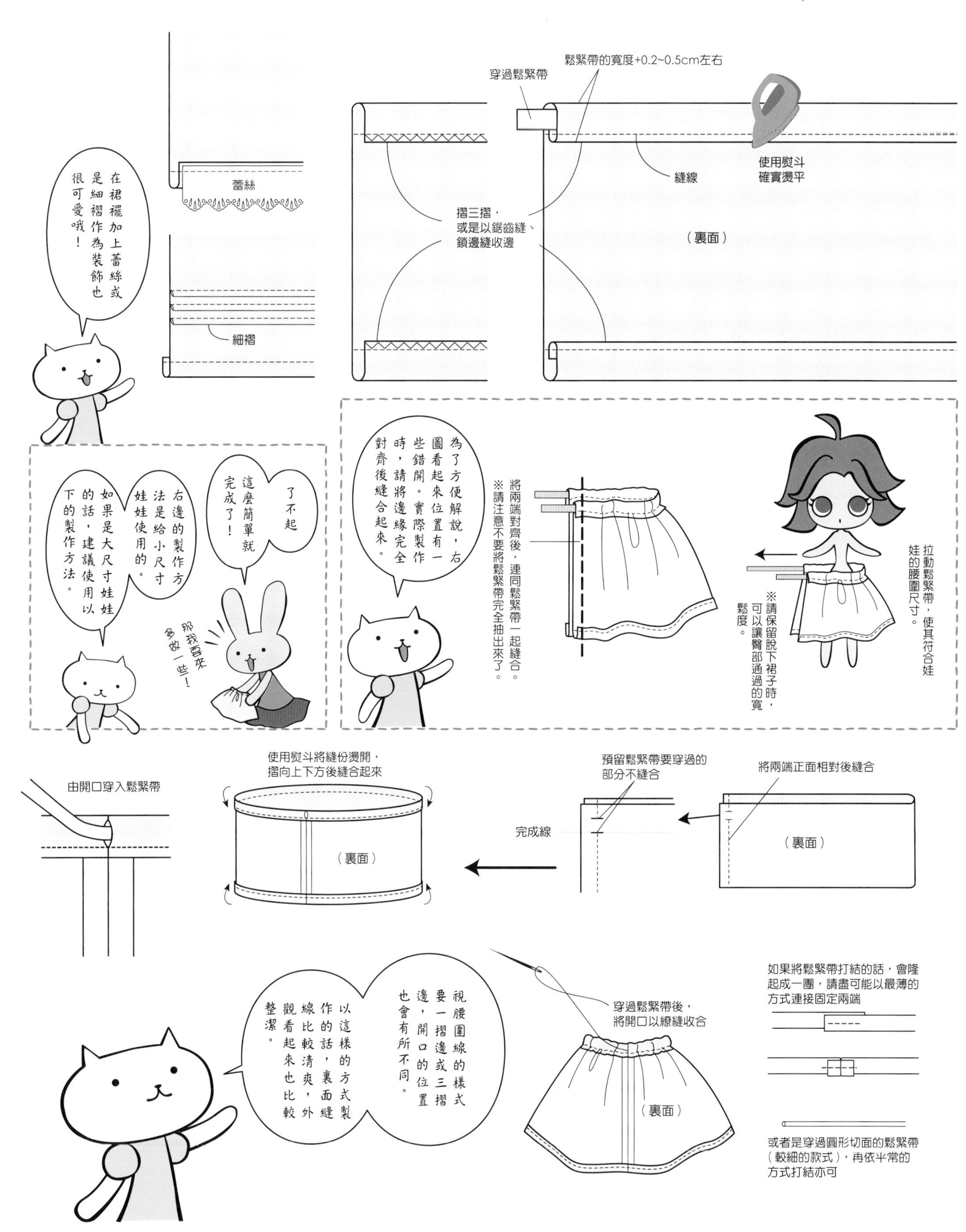

在裙襬加上蕾絲或是細褶作為裝飾也很可愛哦！
蕾絲
細褶
鬆緊帶的寬度+0.2~0.5cm左右
穿過鬆緊帶
使用熨斗確實燙平
縫線
摺三摺，或是以鋸齒縫、鎖邊縫收邊
（裏面）
為了方便解說，右圖看起來位置有一些錯開。實際製作時，請將邊緣完全對齊後縫合起來。
將兩端對齊後，連同鬆緊帶一起縫合。
※請注意不要將鬆緊帶完全抽出來了。
拉動鬆緊帶，使其符合娃娃的腰圍尺寸。
※請保留脫下裙子時，可以讓臀部通過的寬鬆度。
右邊的製作方法是給小尺寸娃娃使用的。
如果是大尺寸娃娃的話，建議使用以下的製作方法。
這麼簡單就完成了！
了不起
幫我多收一些！
由開口穿入鬆緊帶
使用熨斗將縫份燙開，摺向上下方後縫合起來
（裏面）
預留鬆緊帶要穿過的部分不縫合
完成線
將兩端正面相對後縫合
（裏面）
視腰圍線的樣式要一摺邊或三摺邊，開口的位置也會有所不同。
以這樣的方式製作的話，裏面縫線比較清爽，外觀看起來也比較整潔。
穿過鬆緊帶後，將開口以繚縫收合
（裏面）
如果將鬆緊帶打結的話，會隆起成一團，請盡可能以最薄的方式連接固定兩端
或者是穿過圓形切面的鬆緊帶（較細的款式），再依平常的方式打結亦可

長方形抽褶參考布尺的製作方法

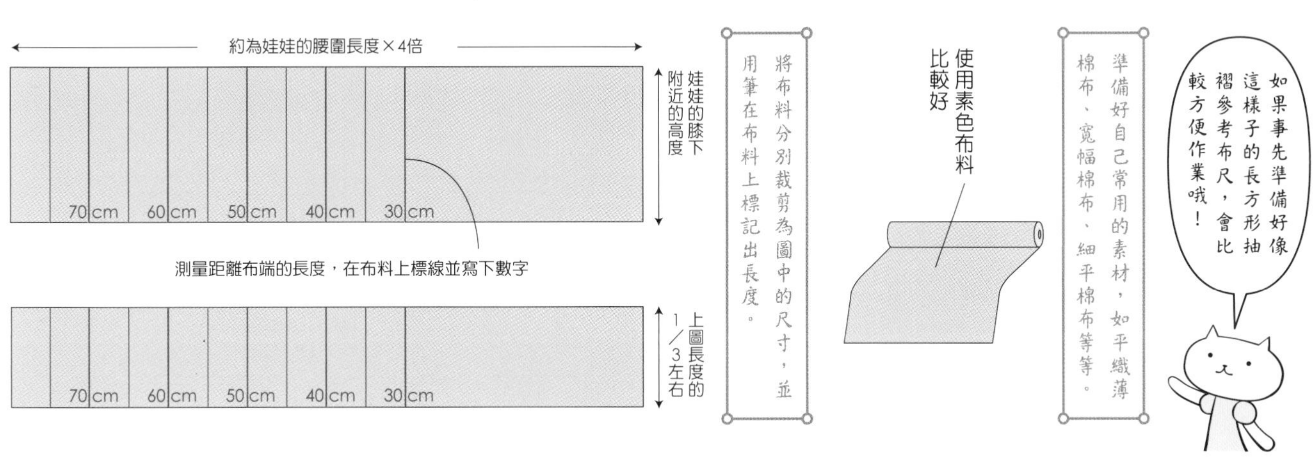

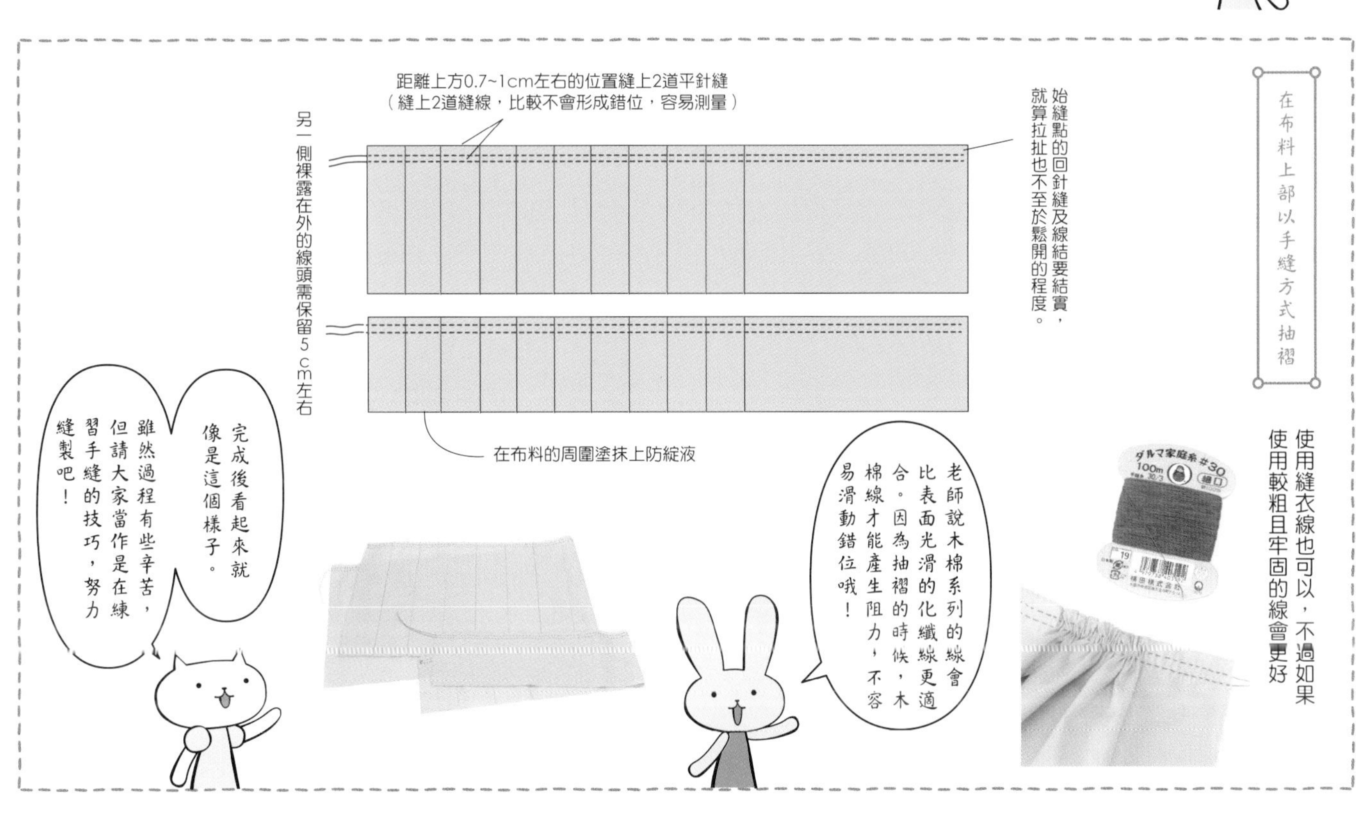

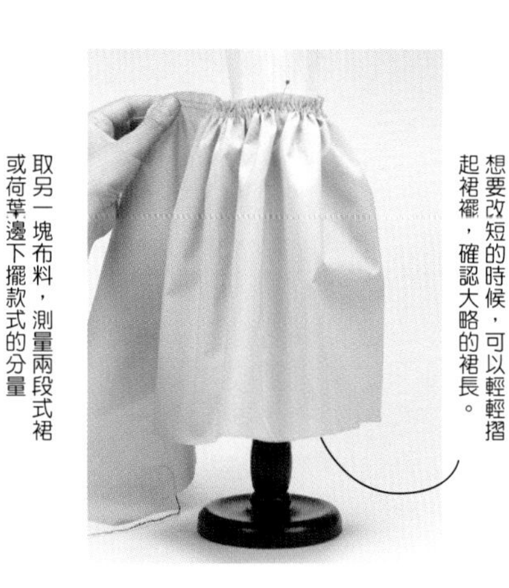

拉緊縫線抽出褶子，實際套在娃娃身上比對，確認自己心目中理想的褶子數量。

想要改短的時候，可以輕輕摺起裙襬，確認大略的裙長。

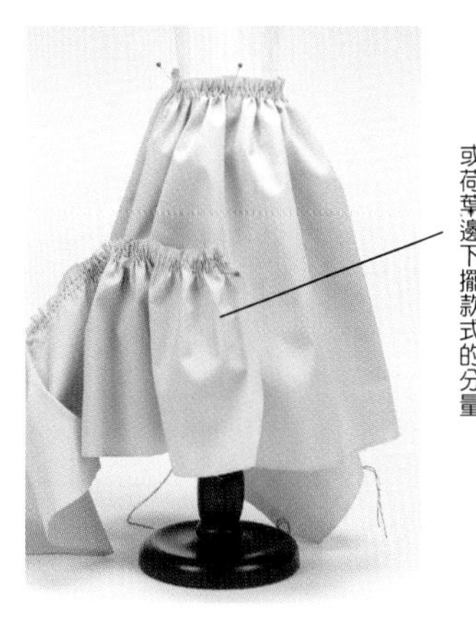

取另一塊布料，測量兩段式裙或荷葉邊下擺款式的分量

不同尺寸及素材　如何製作看起來不會像是降落傘的寬裙襬款式

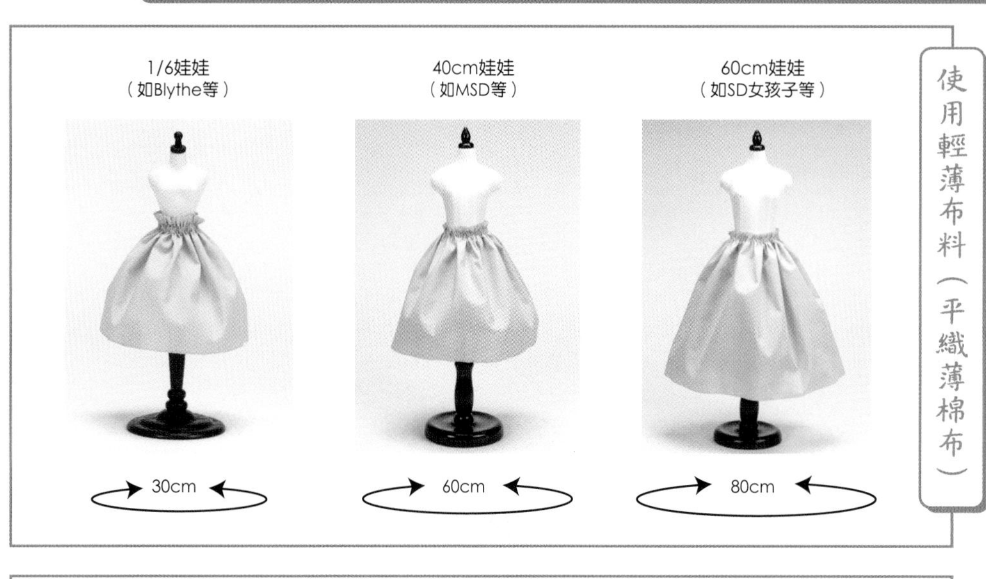

使用中厚布料（斜紋棉布）

1/6娃娃（如Blythe等）	40cm娃娃（如MSD等）	60cm娃娃（如SD女孩子等）
30cm	60cm	80cm

長方形版型 褶子密度及下擺寬度比較表

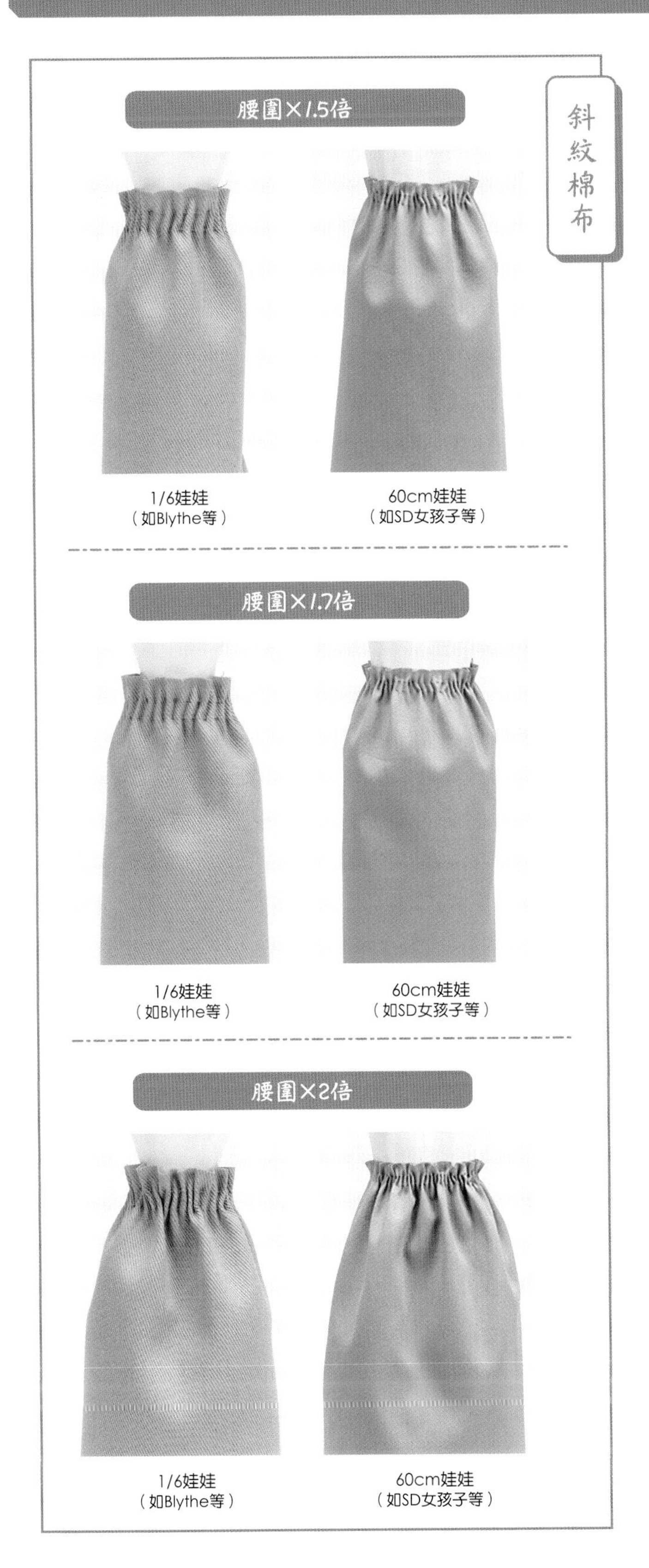

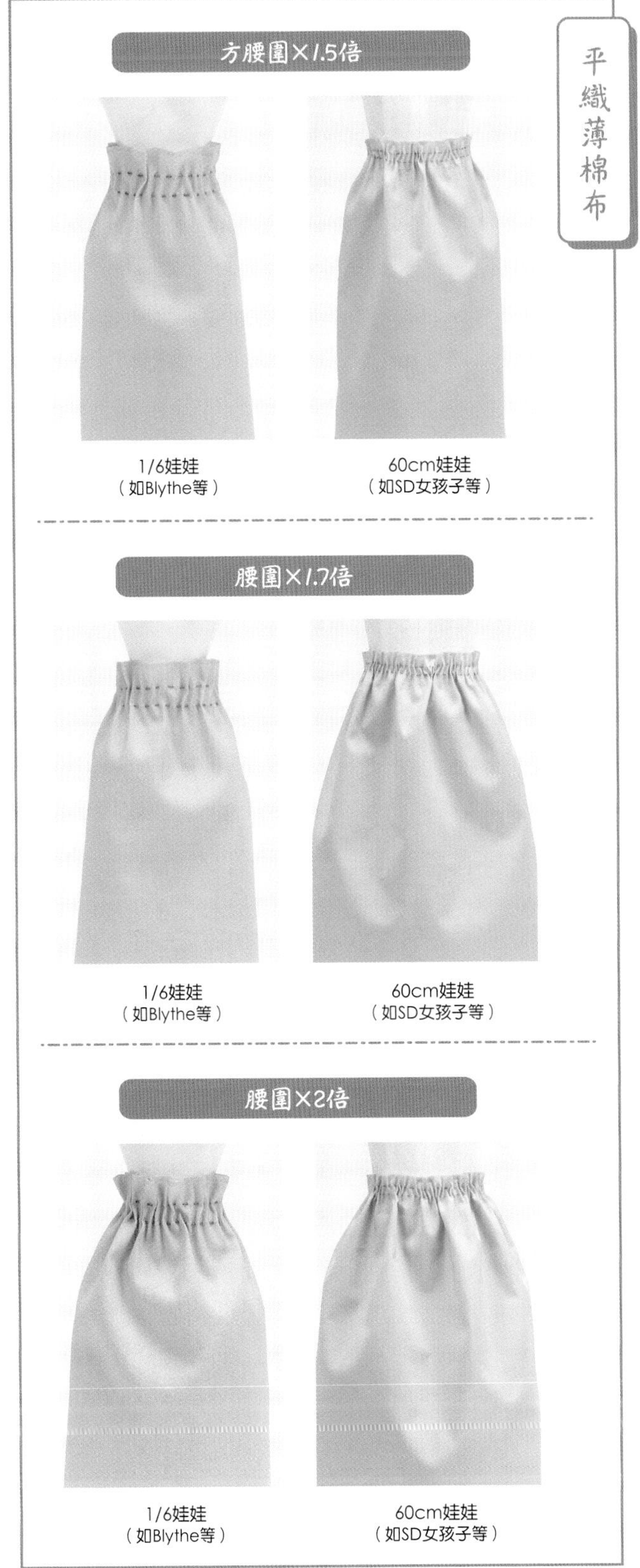

不同素材　抽褶比較表　※幾乎原寸大

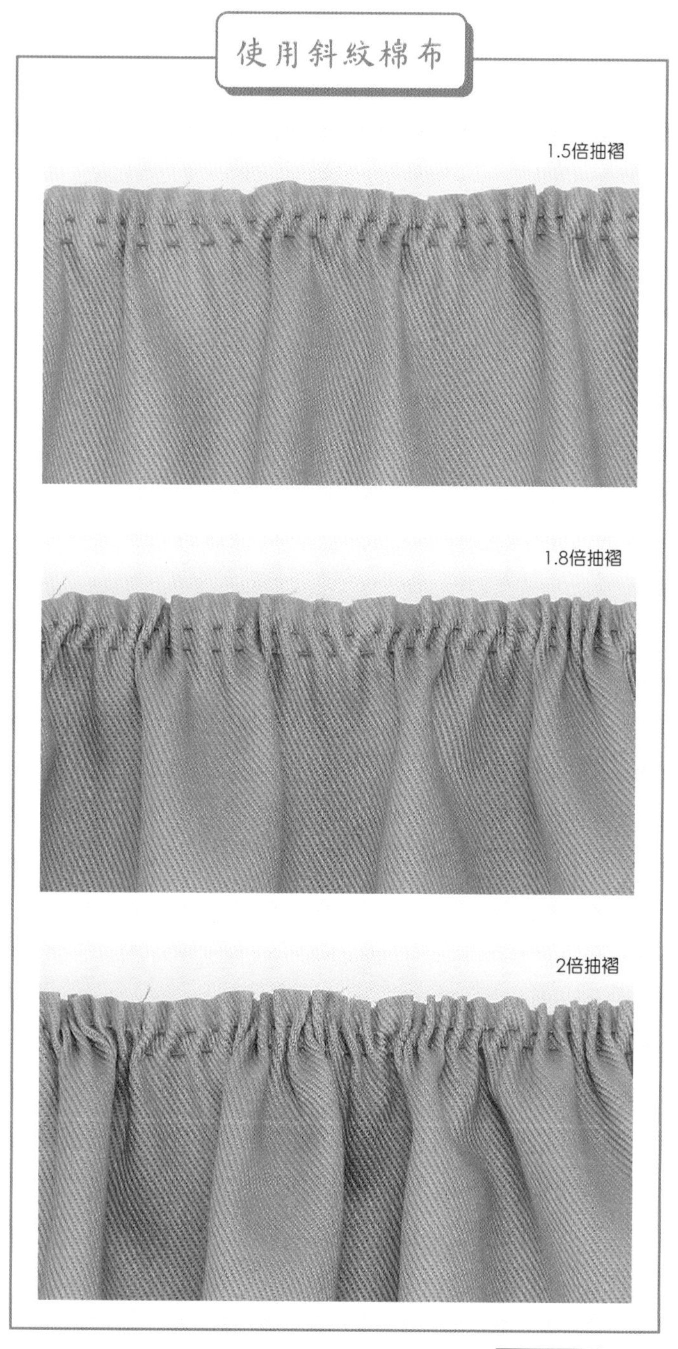

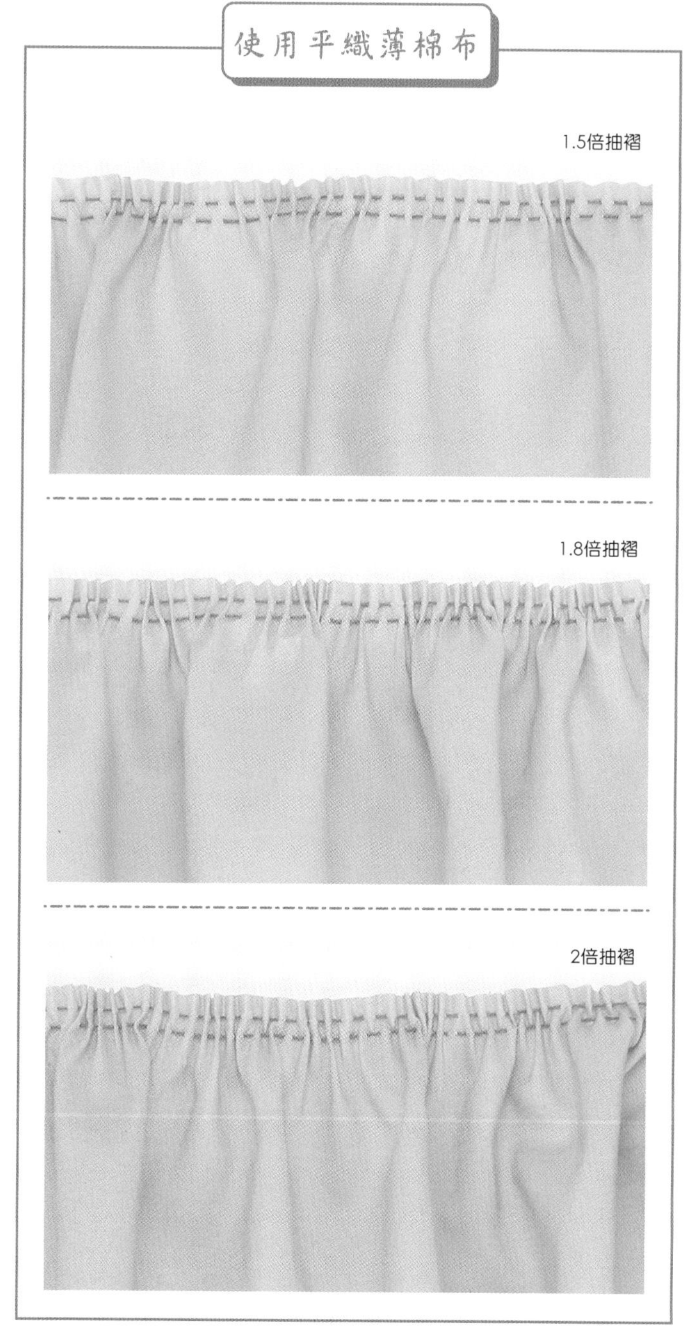

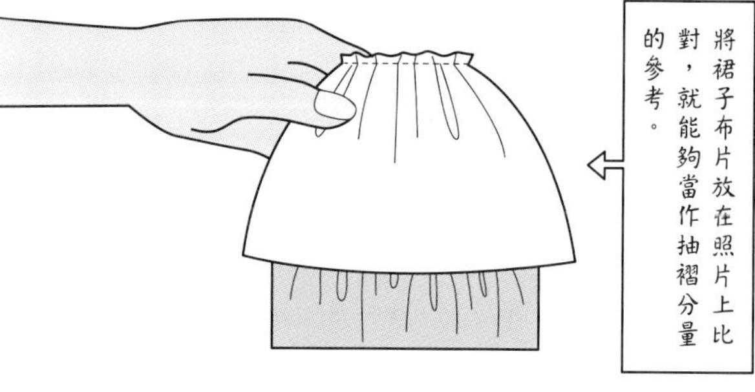

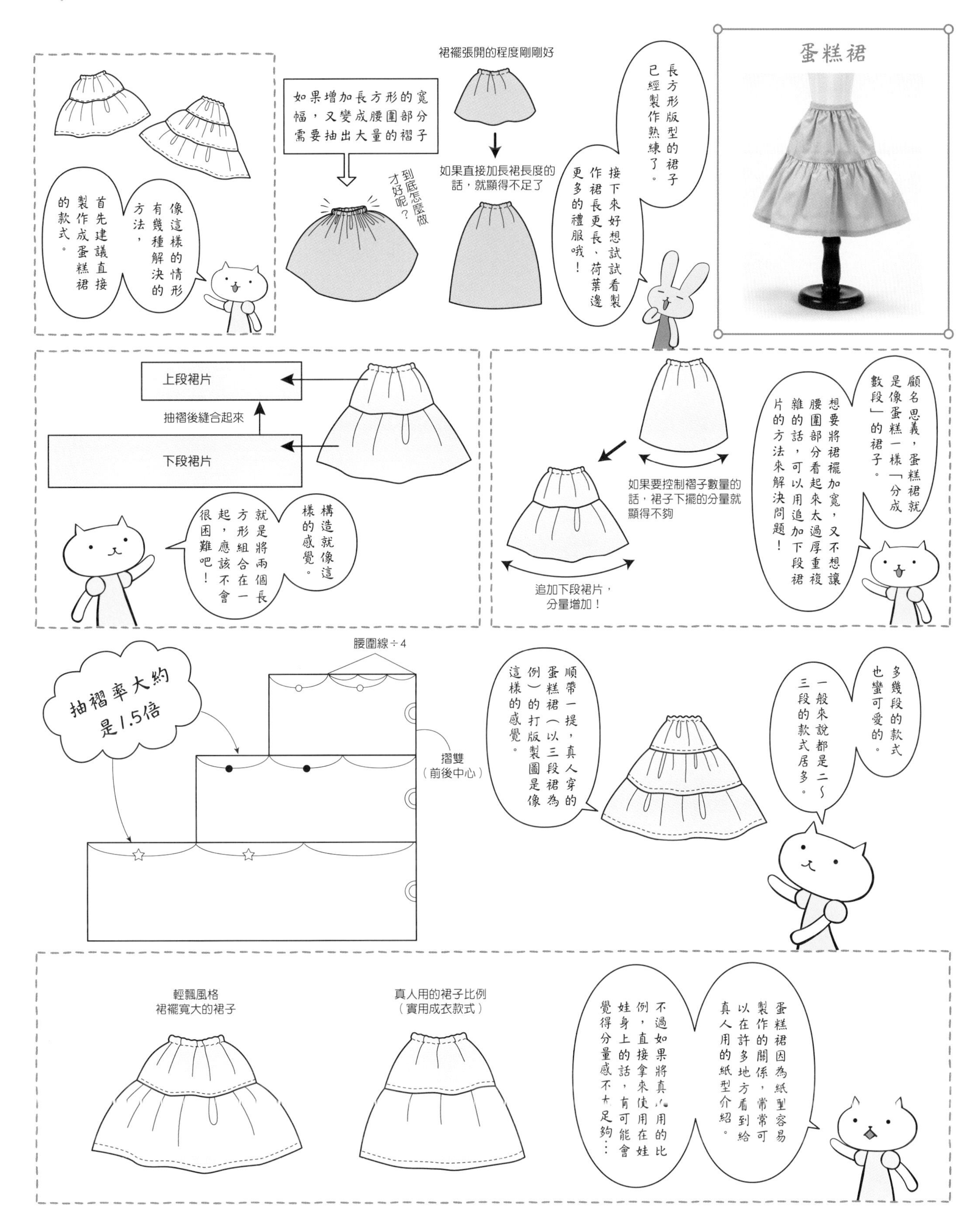
像這樣的情形有幾種解決的方法，
首先建議直接製作成蛋糕裙的款式。
如果增加長方形的寬幅，又變成腰圍部分需要抽出大量的褶子
到底怎麼做才好呢？
裙襬張開的程度剛剛好
如果直接加長裙長度的話，就顯得不足了
長方形版型的裙子已經製作熟練了。
接下來好想試試看製作裙長更長、荷葉邊更多的禮服哦！
蛋糕裙
上段裙片
抽褶後縫合起來
下段裙片
構造就像這樣的感覺。
就是將兩個長方形組合在一起，應該不會很困難吧！
顧名思義，蛋糕裙就是像蛋糕一樣「分成數段」的裙子。
想要將裙襬加寬，又不想讓腰圍部分看起來太過厚重複雜的話，可以用追加下段裙片的方法來解決問題！
如果要控制褶子數量的話，裙子下擺的分量就顯得不夠
追加下段裙片，分量增加！
抽褶率大約是1.5倍
腰圍線÷4
摺雙（前後中心）
順帶一提，真人穿的蛋糕裙（以三段裙為例）的打版製圖是像這樣的感覺。
多幾段的款式也蠻可愛的。
一般來說都是二～三段的款式居多。
輕飄風格
裙襬寬大的裙子
真人用的裙子比例
（實用成衣款式）
蛋糕裙因為紙型容易製作的關係，常常可以在許多地方看到給真人用的紙型介紹。
不過如果將真人用的比例，直接拿來使用在娃娃身上的話，有可能會覺得分量感不太足夠…

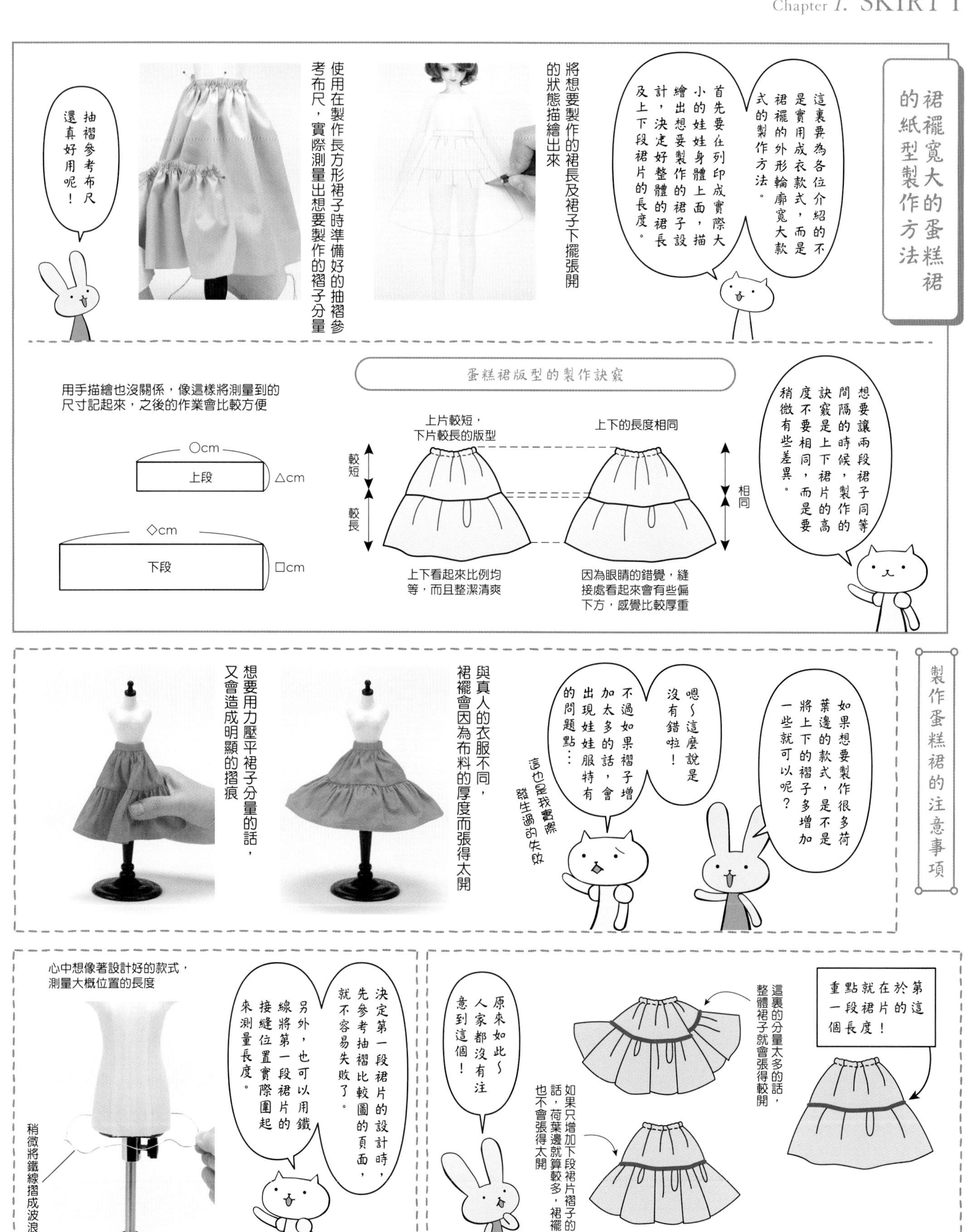
裙襬寬大的蛋糕裙的紙型製作方法
這裏要為各位介紹的不是實用成衣款式，而是裙襬的外形輪廓寬大款式的製作方法。
首先要在列印成實際大小的娃娃身體上面，描繪出想要製作的裙子設計，決定好整體的裙長及上下段裙片的長度。
將想要製作的裙長及裙子下擺張開的狀態描繪出來
使用在製作長方形裙子時準備好的抽褶參考布尺，實際測量出想要製作的褶子分量
抽褶參考布尺還真好用呢！
蛋糕裙版型的製作訣竅
想要讓兩段裙子同等間隔的時候，製作的訣竅是上下裙片的高度不要相同，而是要稍微有些差異。
上下的長度相同
相同
因為眼睛的錯覺，縫接處看起來會有些偏下方，感覺比較厚重
上片較短，下片較長的版型
較短
較長
上下看起來比例均等，而且整潔清爽
用手描繪也沒關係，像這樣將測量到的尺寸記起來，之後的作業會比較方便
○cm
上段
△cm
◇cm
下段
□cm
製作蛋糕裙的注意事項
如果想要製作很多荷葉邊的款式，是不是將上下的褶子多增加一些就可以呢？
嗯～這麼說是沒有錯啦！
不過如果褶子增加太多的話，會出現娃娃服特有的問題點…
這也是我實際發生過的失敗
與真人的衣服不同，裙襬會因為布料的厚度而張得太開
想要用力壓平裙子分量的話，又會造成明顯的摺痕
重點就在於第一段裙片的這個長度！
這裏的分量太多的話，整體裙子就會張得較開
如果只增加下段裙片褶子的話，荷葉邊就算較多，裙襬也不會張得太開
原來如此～人家都沒有注意到這個！
決定第一段裙片的設計時，先參考抽褶比較圖的頁面，就不容易失敗了。
另外，也可以用鐵線將第一段裙片的接縫位置實際圍起來測量長度。
心中想像著設計好的款式，測量大概位置的長度
稍微將鐵線摺成波浪狀

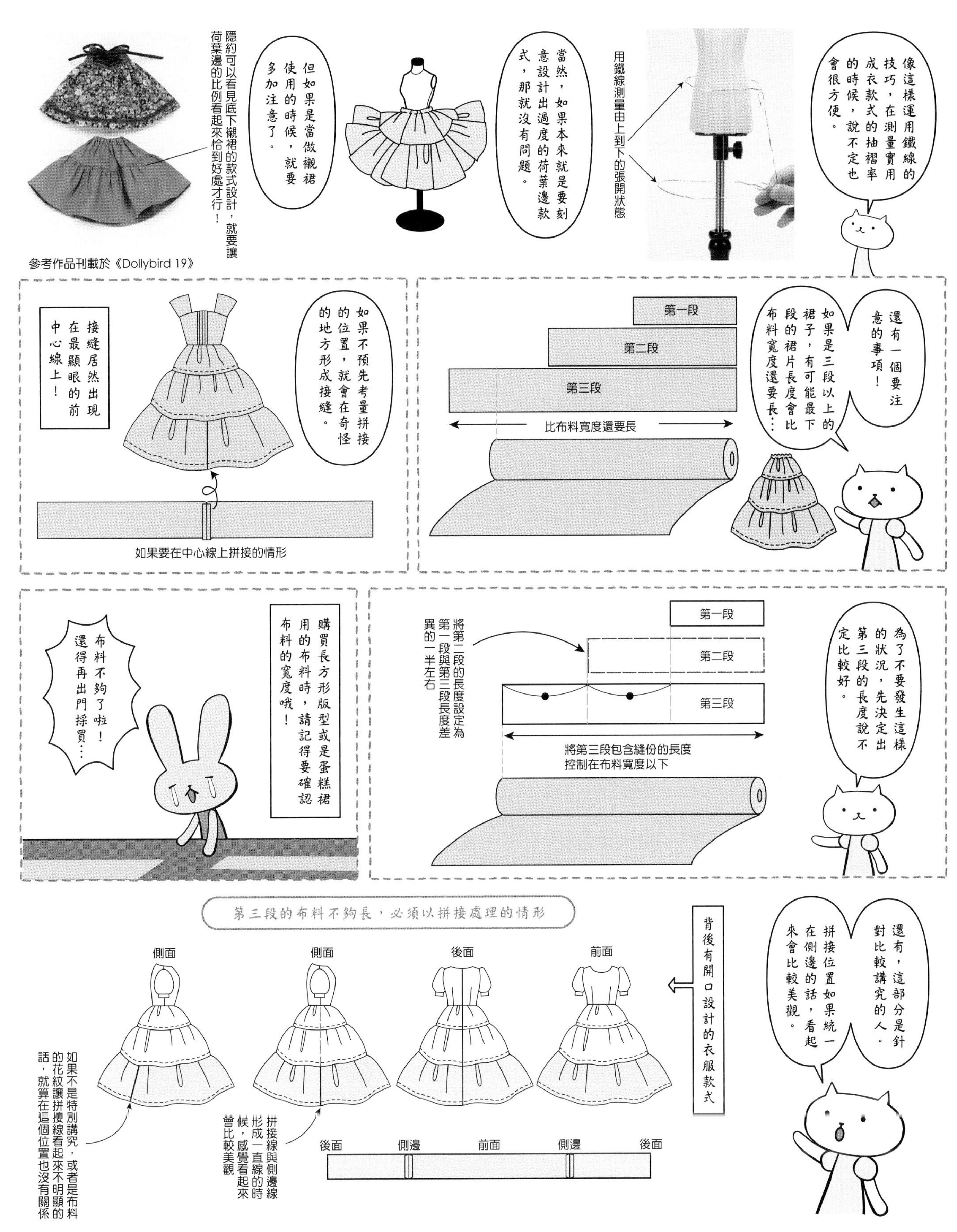

像這樣運用鐵線的技巧，在測量實用成衣款式的抽褶率的時候，說不定也會很方便。
用鐵線測量由上到下的張開狀態
當然，如果本來就是要刻意設計出過度的荷葉邊款式，那就沒有問題。
但如果是當做襯裙使用的時候，就要多加注意了。
隱約可以看見底下襯裙的款式設計，就要讓荷葉邊的比例看起來恰到好處才行！
參考作品刊載於《Dollybird 19》
還有一個要注意的事項！
如果是三段以上的裙子，有可能最下段的裙片長度會比布料寬度還要長…
第一段
第二段
第三段
比布料寬度還要長
如果不預先考量拼接的位置，就會在奇怪的地方形成接縫。
接縫居然出現在最顯眼的前中心線上！
如果要在中心線上拼接的情形
為了不要發生這樣的狀況，先決定出第三段的長度說不定比較好。
將第二段的長度設定為第一段與第三段長度差異的一半左右
第一段
第二段
第三段
將第三段包含縫份的長度控制在布料寬度以下
購買長方形版型或是蛋糕裙用的布料時，請記得要確認布料的寬度哦！
布料不夠了啦！還得再出門採買…
第三段的布料不夠長，必須以拼接處理的情形
側面
側面
後面
前面
背後有開口設計的衣服款式
還有，這部分是針對比較講究的人。拼接位置如果統一在側邊的話，看起來會比較美觀。
如果不是特別講究，或者是布料的花紋讓拼接線看起來不明顯的話，就算在這個位置也沒有關係
拼接線與側邊線形成一直線的時候，感覺看起來會比較美觀
後面
側邊
前面
側邊
後面

1/6娃娃尺寸（Blythe/莉卡娃娃等）抽褶比較圖　素材：平織薄棉布

上段：腰圍線×2倍
下段：上段×2倍

上段：腰圍線×1.7倍
下段：上段×1.7倍

上段：腰圍線×1.5倍
下段：上段×1.5倍

60cm娃娃尺寸（SD/DD）抽褶比較圖　素材：平織薄棉布

上段：腰圍線×2倍
下段：上段×2倍

上段：腰圍線×1.7倍
下段：上段×1.7倍

上段：腰圍線×1.5倍
下段：上段×1.5倍

裙子外形輪廓向外張開的抽褶率

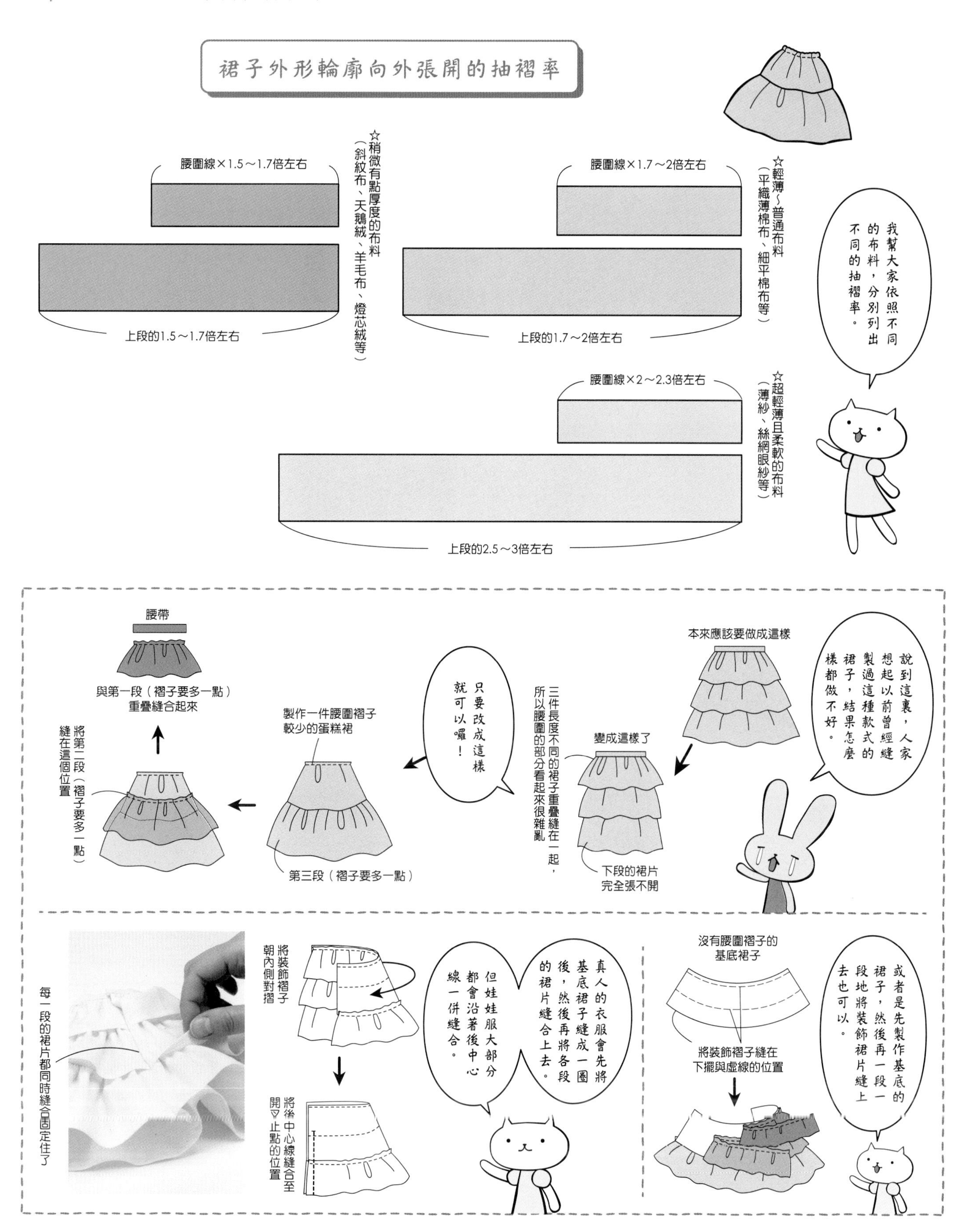

Chapter 2.

下擺漸寬的裙子

— SKIRT Ⅱ —

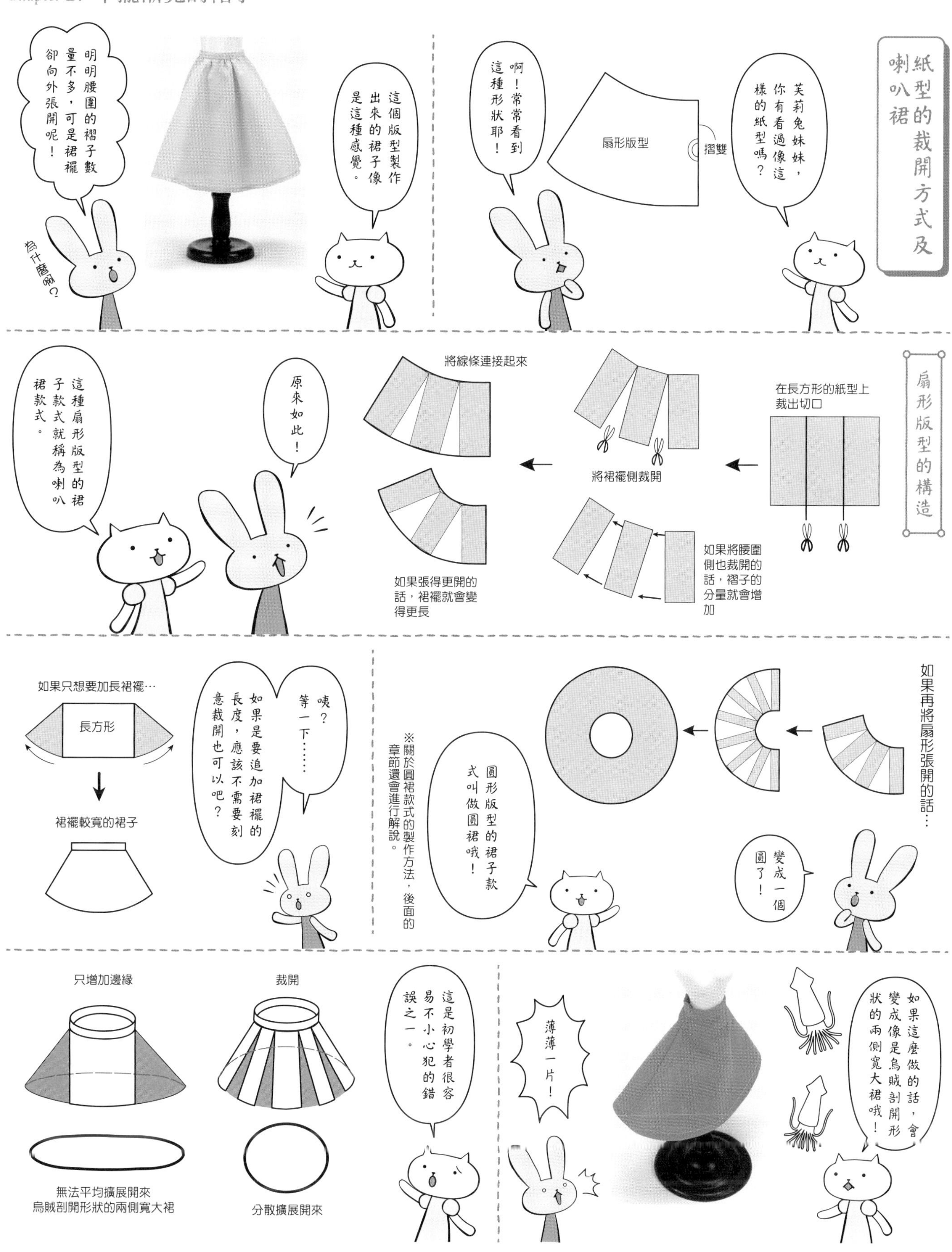
紙型的裁開方式及喇叭裙
芙莉兔妹妹，你有看過像這樣的紙型嗎？
扇形版型
摺雙
啊！常常看到這種形狀耶！
這個版型製作出來的裙子像是這種感覺。
明明腰圍的褶子數量不多，可是裙襬卻向外張開呢！
為什麼啊？
扇形版型的構造
在長方形的紙型上裁出切口
將裙襬側裁開
如果將腰圍側也裁開的話，褶子的分量就會增加
將線條連接起來
如果張得更開的話，裙襬就會變得更長
原來如此！
這種扇形版型的裙子款式就稱為喇叭裙款式。
如果再將扇形張開的話…
變成一個圓了！
圓形版型的裙子款式叫做圓裙哦！
※關於圓裙款式的製作方法，後面的章節還會進行解說。
咦？等一下……
如果是要追加裙襬的長度，應該不需要刻意裁開也可以吧？
如果只想要加長裙襬…
長方形
裙襬較寬的裙子
如果這麼做的話，會變成像是烏賊剖開形狀的兩側寬大裙哦！
薄薄一片！
這是初學者很容易不小心犯的錯誤之一。
只增加邊緣
裁開
無法平均擴展開來
烏賊剖開形狀的兩側寬大裙
分散擴展開來

OK!
如果想要放寬的幅度很大的話，將其裁開
首先要追加一些側邊
然後將其裁開
避免製作成烏賊連身裙！
NG!
如果只是大量追加側邊的話
烏賊連身裙
OK!
像這樣的話還算OK！
製作連身裙時，也要注意別犯了相同的錯誤哦！
圓環形
扇形
像這種形狀的版型
結婚禮服或是舞衣常見的紙型
直線狀
圓錐形的外形輪廓
長方形版型
在長方形版型加上許多細褶
經常使用於蘿莉塔風格的裙子或襯裙的款式設計
圓滑的輪廓
吊鐘般的外形輪廓
※因此又稱為吊鐘線(Bell-line)
不同版型的外形輪廓也會不同
衣袖
褲子
製作褲子及衣袖的時候，也常會使用到將版型裁開的技巧，請務必熟練！
那麼，如果要配合娃娃的大小去進行調整，
或是想要製作出心中所想要的裙襬張開量時，應該怎麼做才好呢？
娃娃服雖然也可以用同樣的方式製圖，但這個高度會隨著裙襬張開量的不同，以及娃娃身型的不同而有所調整。
（W＋鬆份）×抽褶分量
4
真人衣服的喇叭裙製圖方式
省略了這個步驟
真人衣服用的製圖方法，大致上像這樣的扇形版型的感覺。
經過計算後，就算不將版型裁開，也可以製作成扇形版型。
裙襬飄揚程度較保守
裙襬飄揚程度較大
沒有褶子
本書要介紹給各位的是將版型裁開的製作方式。
只要熟練之後，就能夠簡單製作出自己心目中理想的喇叭裙哦！

喇叭裙的紙型製作方法

1. 先決定好想要製作的喇叭裙設計（裙子長度等）

決定設計的幾個重點
・裙子長度
・有無腰圍部分的褶子
・裙襬大概的張開分量

以原寸大進行描繪的話，比較容易掌握印象

2. 裙襬想要張開到什麼程度？使用長方形抽褶參考布尺實際進行測量

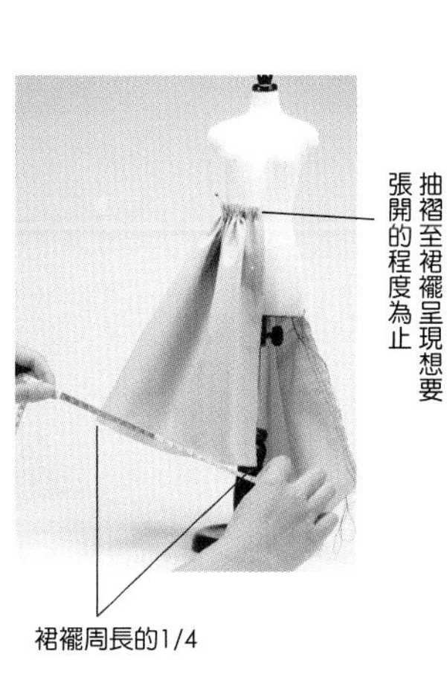

將量尺或是鐵線放在想要製作的裙長高度，大約測量出裙襬周長的四分之一長度即可。

裙襬張開較小

裙襬張開較大

使用圓形抽褶參考布尺也可以

3. 決定腰圍部分的抽褶分量（若有褶子設計的話）

抽褶少

抽褶多

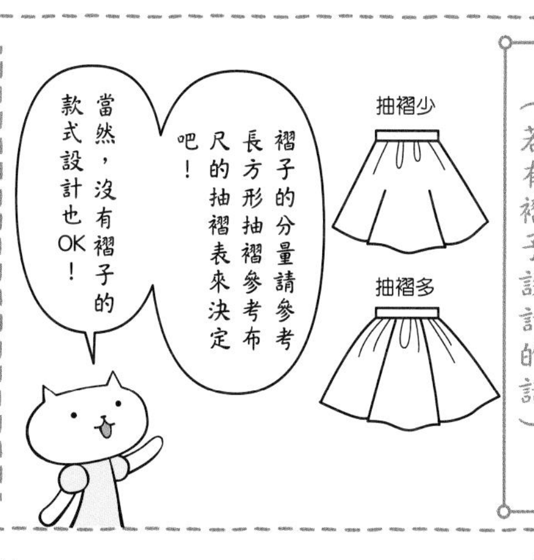

4. 將用來裁開的長方形描繪在描圖紙上

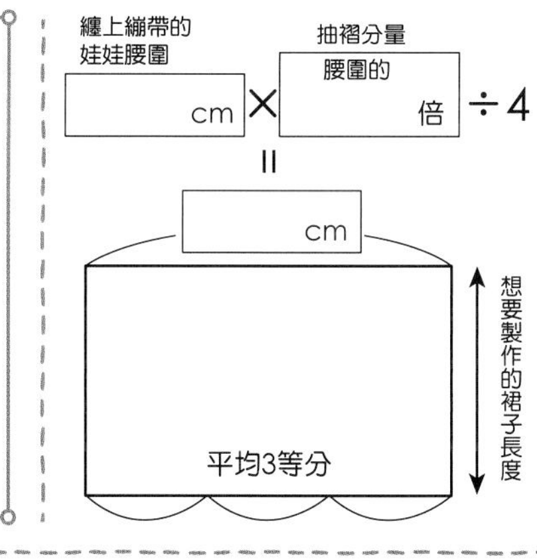

5. 用剪刀將紙張裁成3等分

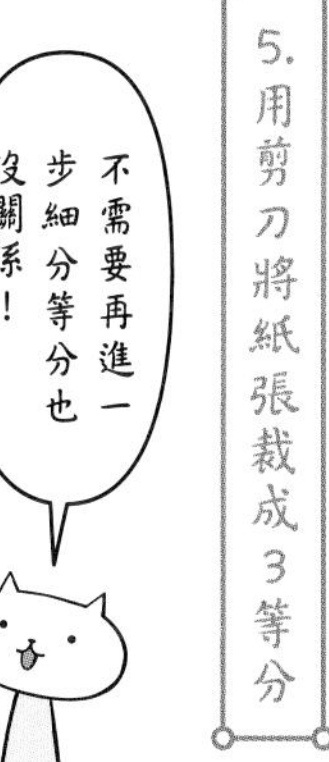

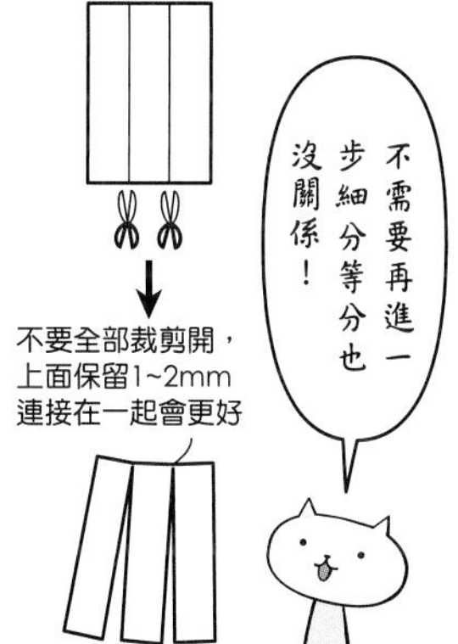

6. 將裁開的紙張等間隔向外張開

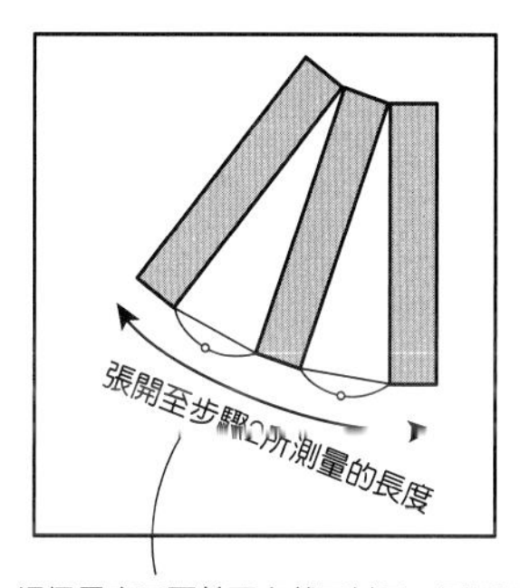

這個長度只要差不多就可以了。不需要嚴謹到mm等級的精準度。

用保護膠帶將紙型貼在另一張紙上，張開時會更容易作業

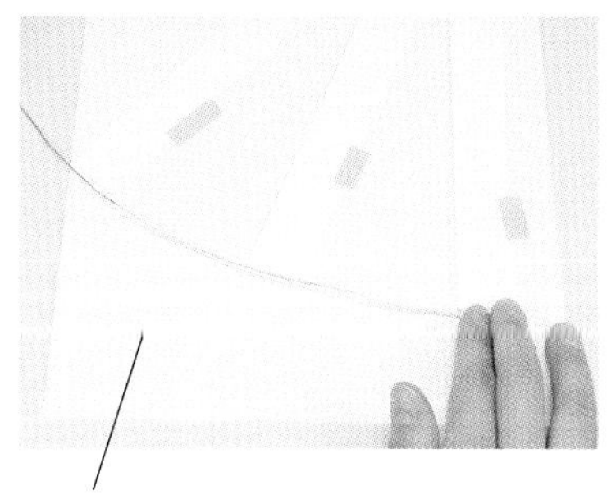

將步驟2所測量到的長度標記在鐵線上，輕輕摺出弧度當作引導線會更好

7. 以自然的曲線將腰圍與裙襬連接起來，加上縫份後就完成了

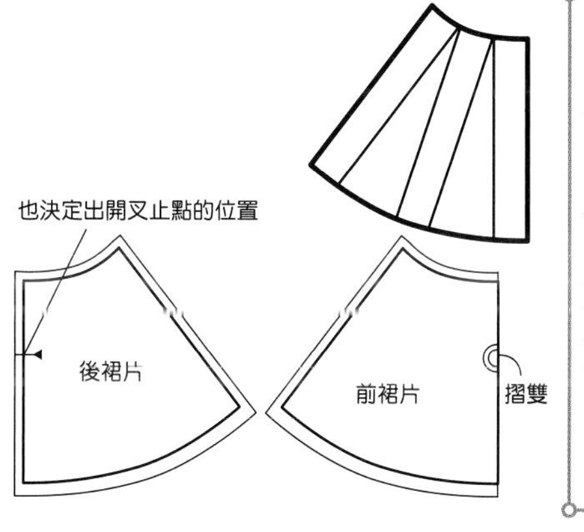

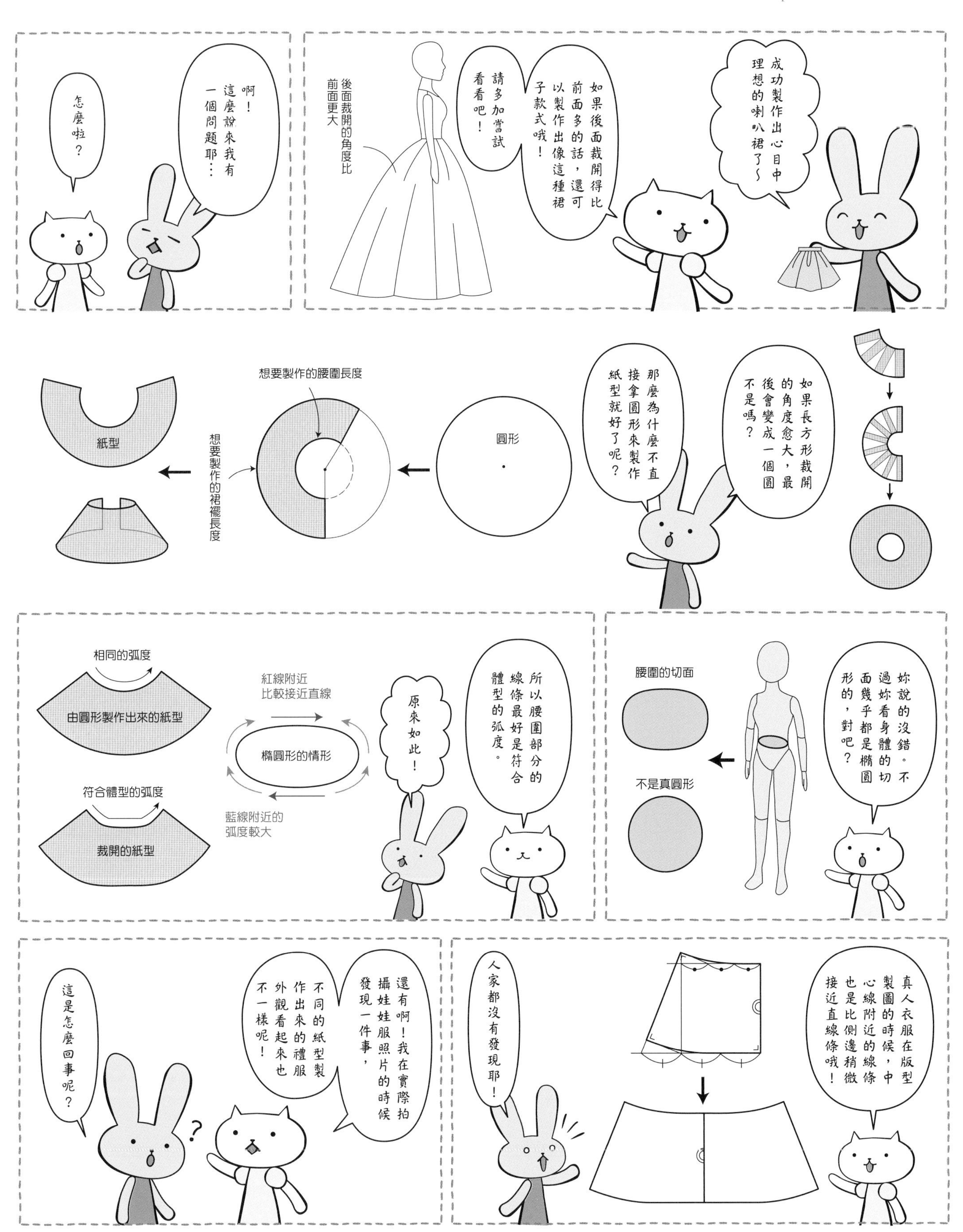
成功製作出心目中理想的喇叭裙了～
如果後面裁開得比前面多的話，還可以製作出像這種裙子款式哦！
請多加嘗試看看吧！
後面裁開的角度比前面更大
啊！這麼說來我有一個問題耶⋯⋯
怎麼啦？
如果長方形裁開的角度愈大，最後會變成一個圓不是嗎？
那麼為什麼不直接拿圓形來製作紙型就好了呢？
圓形
想要製作的腰圍長度
想要製作的裙襬長度
紙型
妳說的沒錯。不過妳看身體的切面幾乎都是橢圓形的，對吧？
腰圍的切面
不是真圓形
所以腰圍部分的線條最好是符合體型的弧度。
原來如此！
相同的弧度
由圓形製作出來的紙型
紅線附近比較接近直線
橢圓形的情形
藍線附近的弧度較大
符合體型的弧度
裁開的紙型
真人衣服在版型製圖的時候，中心線附近的線條也是比側邊稍微接近直線條哦！
人家都沒有發現耶！
還有啊！我在實際拍攝娃娃服照片的時候發現一件事，
不同的紙型製作出來的禮服外觀看起來也不一樣呢！
這是怎麼回事呢？

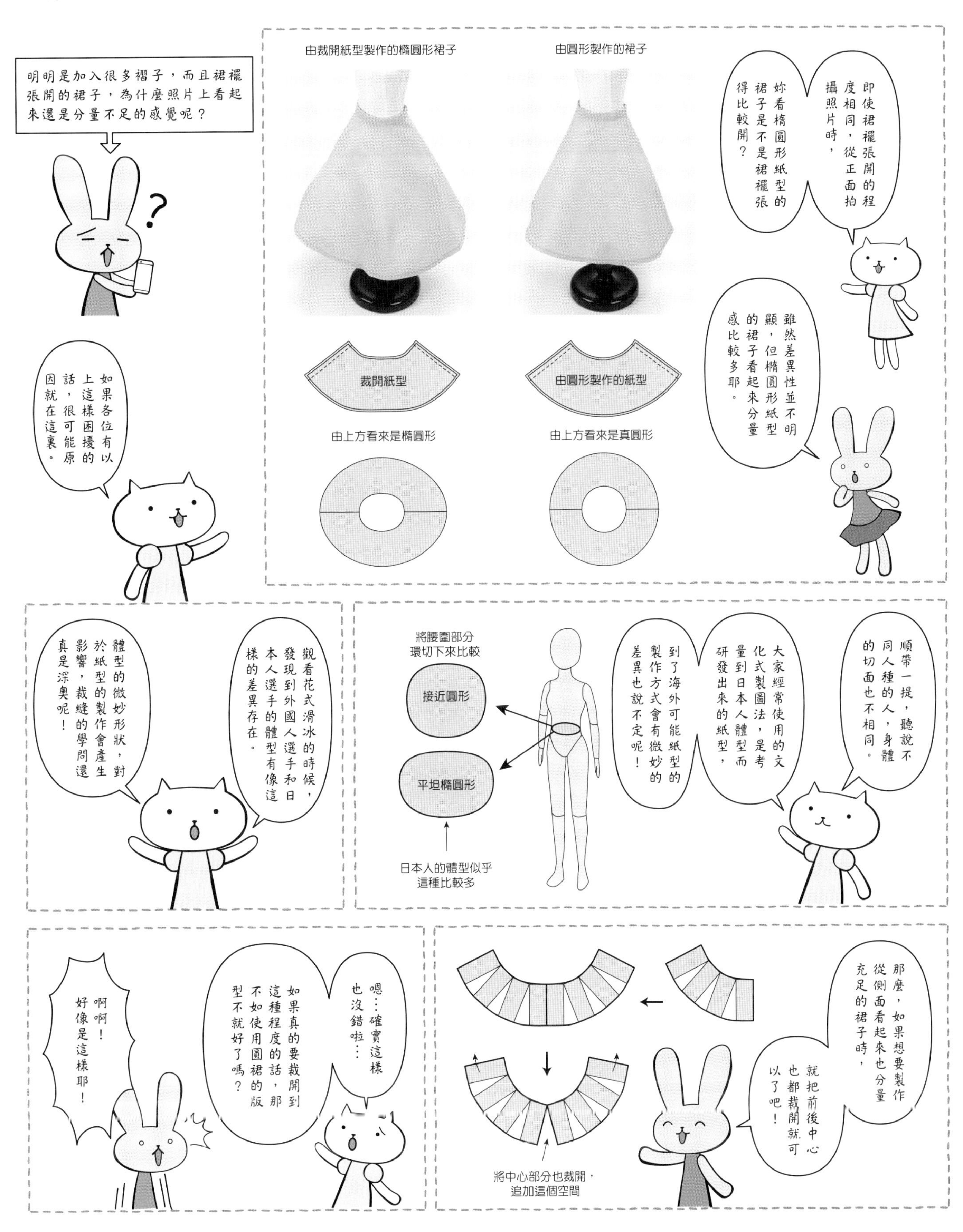
明明是加入很多褶子，而且裙襬張開的裙子，為什麼照片上看起來還是分量不足的感覺呢？
由裁開紙型製作的橢圓形裙子
由圓形製作的裙子
即使裙襬張開的程度相同，從正面拍攝照片時，
妳看橢圓形紙型的裙子是不是裙襬張得比較開？
雖然差異性並不明顯，但橢圓形紙型的裙子看起來分量感比較多耶。
裁開紙型
由圓形製作的紙型
由上方看來是橢圓形
由上方看來是真圓形
如果各位有以上這樣困擾的話，很可能原因就在這裏。
順帶一提，聽說不同人種的人，身體的切面也不相同。
大家經常使用的文化式製圖法，是考量到日本人體型而研發出來的紙型，
到了海外可能紙型的製作方式會有微妙的差異也說不定呢！
將腰圍部分環切下來比較
接近圓形
平坦橢圓形
日本人的體型似乎這種比較多
觀看花式滑冰的時候，發現到外國人選手和日本人選手的體型有像這樣的差異存在。
體型的微妙形狀，對於紙型的製作會產生影響，裁縫的學問還真是深奧呢！
那麼，如果想要製作從側面看起來也分量充足的裙子時，
就把前後中心也都裁開就可以了吧！
將中心部分也裁開，追加這個空間
嗯…確實這樣也沒錯啦…
如果真的要裁開到這種程度的話，那不如使用圓裙的版型不就好了嗎？
啊啊！好像是這樣耶！

喇叭裙的比較

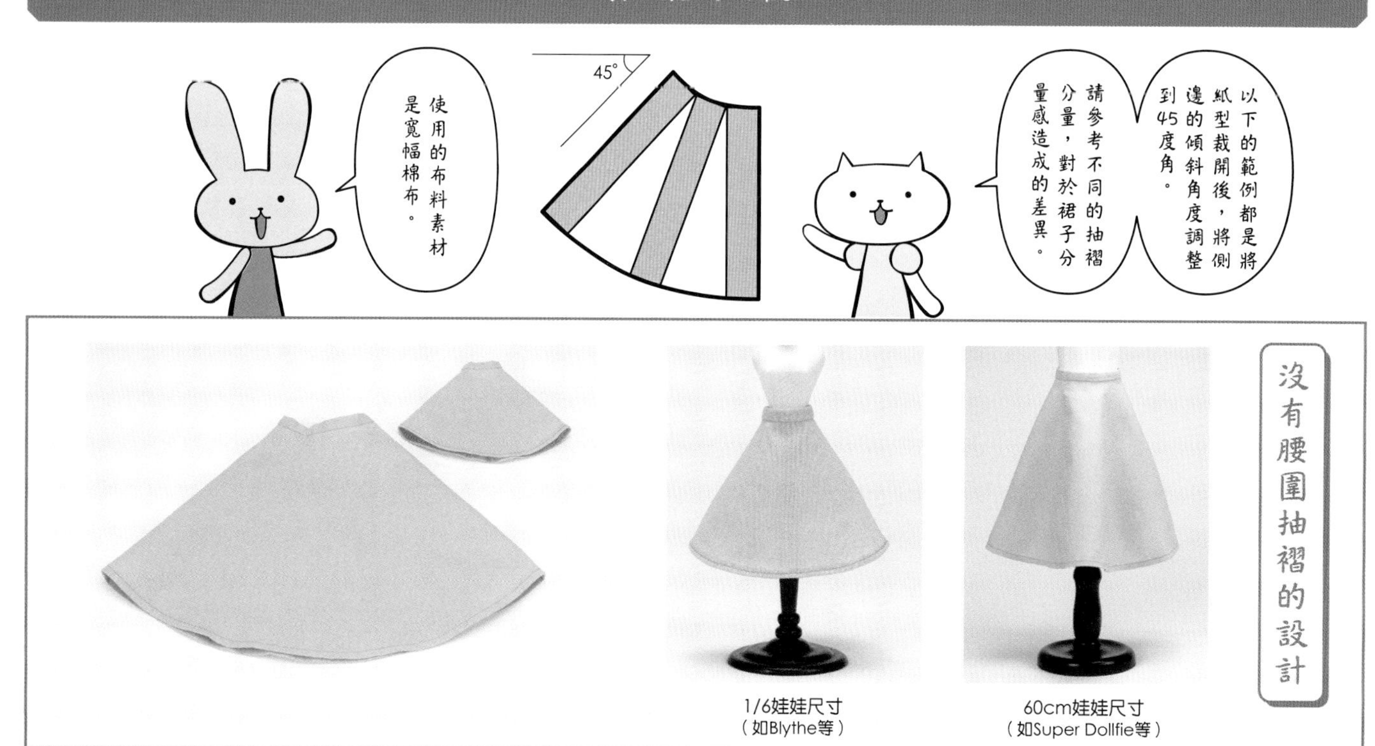

1/6娃娃尺寸（如Blythe等）

60cm娃娃尺寸（如Super Dollfie等）

1/6娃娃尺寸（如Blythe等）

60cm娃娃尺寸（如Super Dollfie等）

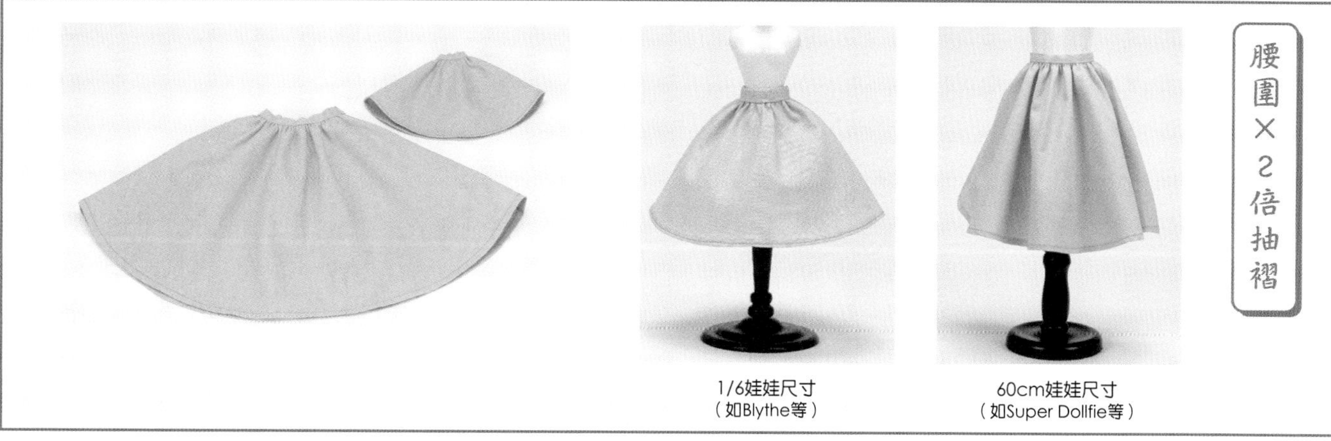

1/6娃娃尺寸（如Blythe等）

60cm娃娃尺寸（如Super Dollfie等）

圓裙款式
像這樣以圓形版型製作出來的裙子，就稱為圓裙款式。
人家小時候曾經穿著這種裙子轉著圈圈玩耍呢～
這種裙子款式，就算不抽褶，也能讓裙子輕飄飛揚。因此有很多不加上腰圍部分褶子的設計。
腰圍部分沒有褶子的圓裙設計
反過來說，如果將內側的圓的尺寸設計得比腰圍尺寸更大，再加上褶子的設計，就能讓裙襬張得非常開。
腰圍部分有褶子設計的圓裙
內側圓的尺寸較大
沒有褶子設計，輕飄飛揚的圓裙
將兩個圓縫合在一起
這種款式的特徵就是紙型對初學者來說很簡單，而且完成的裙子看起來很可愛。
只要懂得計算圓的尺寸就OK
不過還是有一些需要注意的地方哦！
使用像這種直條紋或是橫條紋布製作圓裙的時候，前方與側邊的條紋方向會有所改變。
條紋的方向
中心與側邊的條紋方向不同
中心部分是直條紋
側邊是橫條紋
如果是刻意設計的話就OK！
如果想要讓整體的條紋方向都統一的話，
建議採取長方形版型或是裙襬張開程度較少的設計。
長方形版型的裙子
扇形版型的裙子
還有，如果不決定好前中心的位置，隨意製作的話，
就可能會變成像這樣的花紋，請務必小心注意。
中心
反過來說也可以將這種花紋的錯位當成設計的元素啦！
啊！看起來好有時尚感哦！

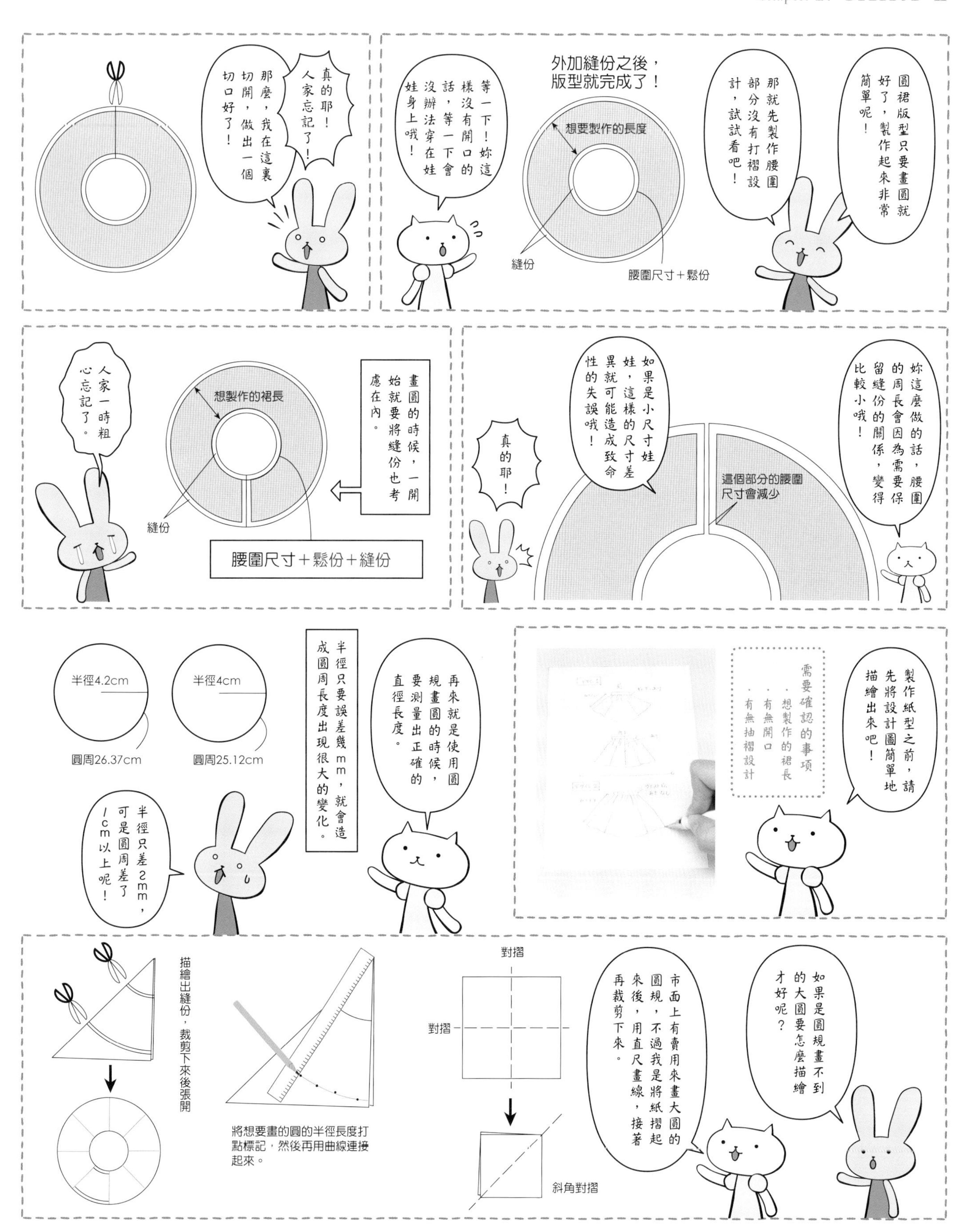
圓裙版型只要畫圓就好了，製作起來非常簡單呢！
那就先製作腰圍部分沒有打褶設計，試試看吧！
外加縫份之後，版型就完成了！
想要製作的長度
縫份
腰圍尺寸＋鬆份
等一下！妳這樣沒有開口的話，等一下會沒辦法穿在娃娃身上哦！
真的耶！人家忘記了！
那麼，我在這裏切開，做出一個切口好了！
妳這麼做的話，腰圍的周長會因為需要保留縫份的關係，變得比較小哦！
如果是小尺寸娃娃，這樣的尺寸差異就可能造成致命性的失誤哦！
真的耶！
這個部分的腰圍尺寸會減少
畫圓的時候，一開始就要將縫份也考慮在內。
想製作的裙長
縫份
腰圍尺寸＋鬆份＋縫份
人家一時粗心忘記了。
製作紙型之前，請先將設計圖簡單地描繪出來吧！
需要確認的事項
・想製作的裙長
・有無開口
・有無抽褶設計
再來就是使用圓規畫圓的時候，要測量出正確的直徑長度。
半徑只要誤差幾mm，就會造成圓周長度出現很大的變化。
半徑4cm
圓周25.12cm
半徑4.2cm
圓周26.37cm
半徑只差2mm，可是圓周差了1cm以上呢！
如果是圓規畫不到的大圓要怎麼描繪才好呢？
市面上有賣用來畫大圓的圓規，不過我是將紙摺起來後，用直尺畫線，接著再裁剪下來。
對摺
對摺
斜角對摺
將想要畫的圓的半徑長度打點標記，然後再用曲線連接起來。
描繪出縫份，裁剪下來後張開

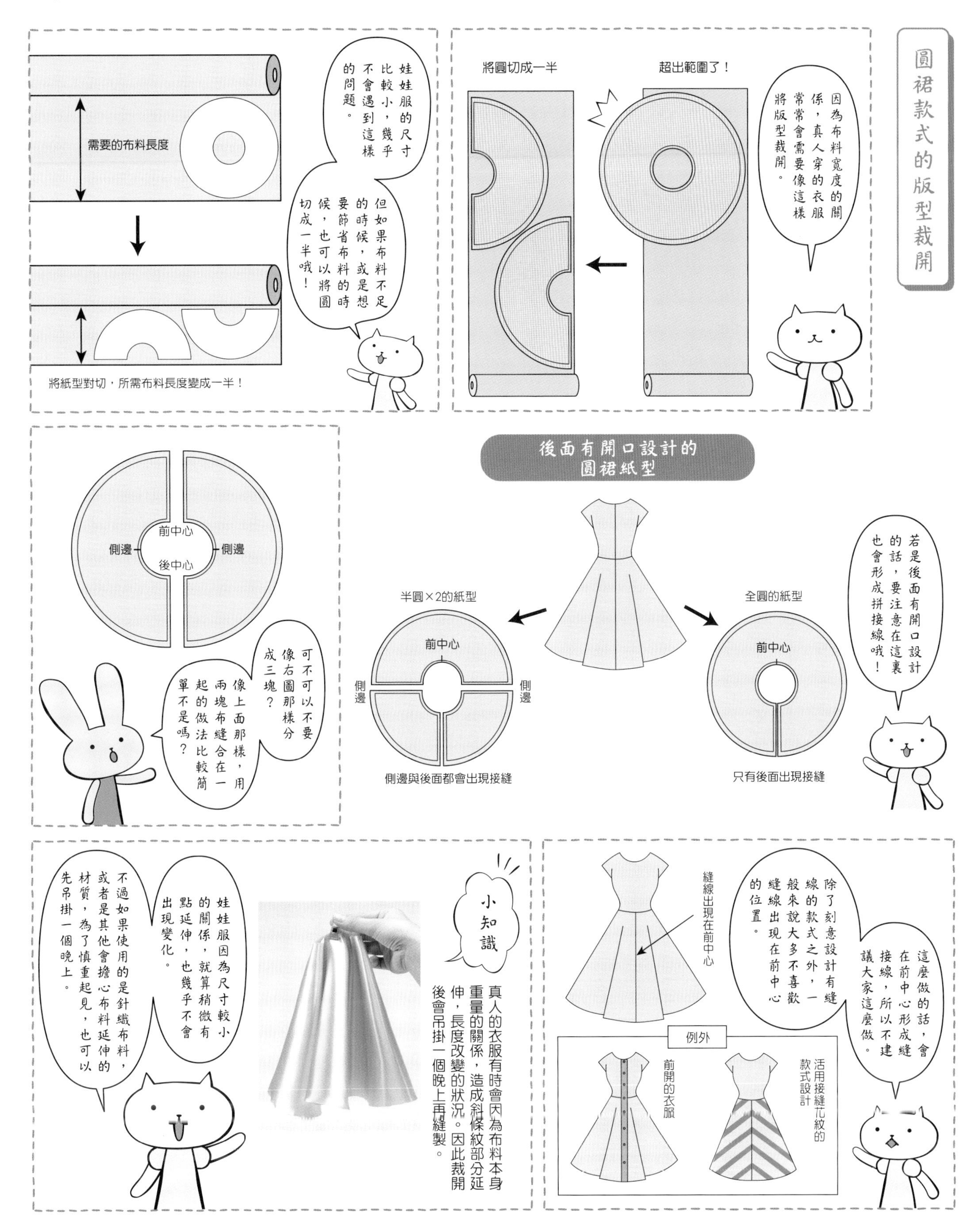

需要的布料長度
將紙型對切，所需布料長度變成一半！
娃娃服的尺寸比較小，幾乎不會遇到這樣的問題。
但如果布料不足的時候，或是想要節省布料的時候，也可以將圓切成一半哦！
圓裙款式的版型裁開
超出範圍了！
將圓切成一半
因為布料寬度的關係，真人穿的衣服常常會需要像這樣將版型裁開。
前中心
側邊
側邊
後中心
可不可以不要像右圖那樣分成三塊？
像上面那樣，用兩塊布縫合在一起的做法比較簡單不是嗎？
後面有開口設計的
圓裙紙型
半圓×2的紙型
前中心
側邊
側邊
側邊與後面都會出現接縫
全圓的紙型
前中心
只有後面出現接縫
若是後面有開口設計的話，要注意在這裏也會形成拼接線哦！
小知識
真人的衣服有時會因為布料本身重量的關係，造成斜條紋部分延伸，長度改變的狀況。因此裁開後會吊掛一個晚上再縫製。
娃娃服因為尺寸較小的關係，就算稍微有點延伸，也幾乎不會出現變化。
不過如果使用的是針織布料，或者是其他會擔心布料延伸的材質，為了慎重起見，也可以先吊掛一個晚上。
縫線出現在前中心
除了刻意設計有縫線的款式之外，一般來說大多不喜歡縫線出現在前中心的位置。
這麼做的話，會在前中心形成縫接線，所以不建議大家這麼做。
例外
前開的衣服
活用接縫花紋的款式設計

圓裙的紙型製作方法

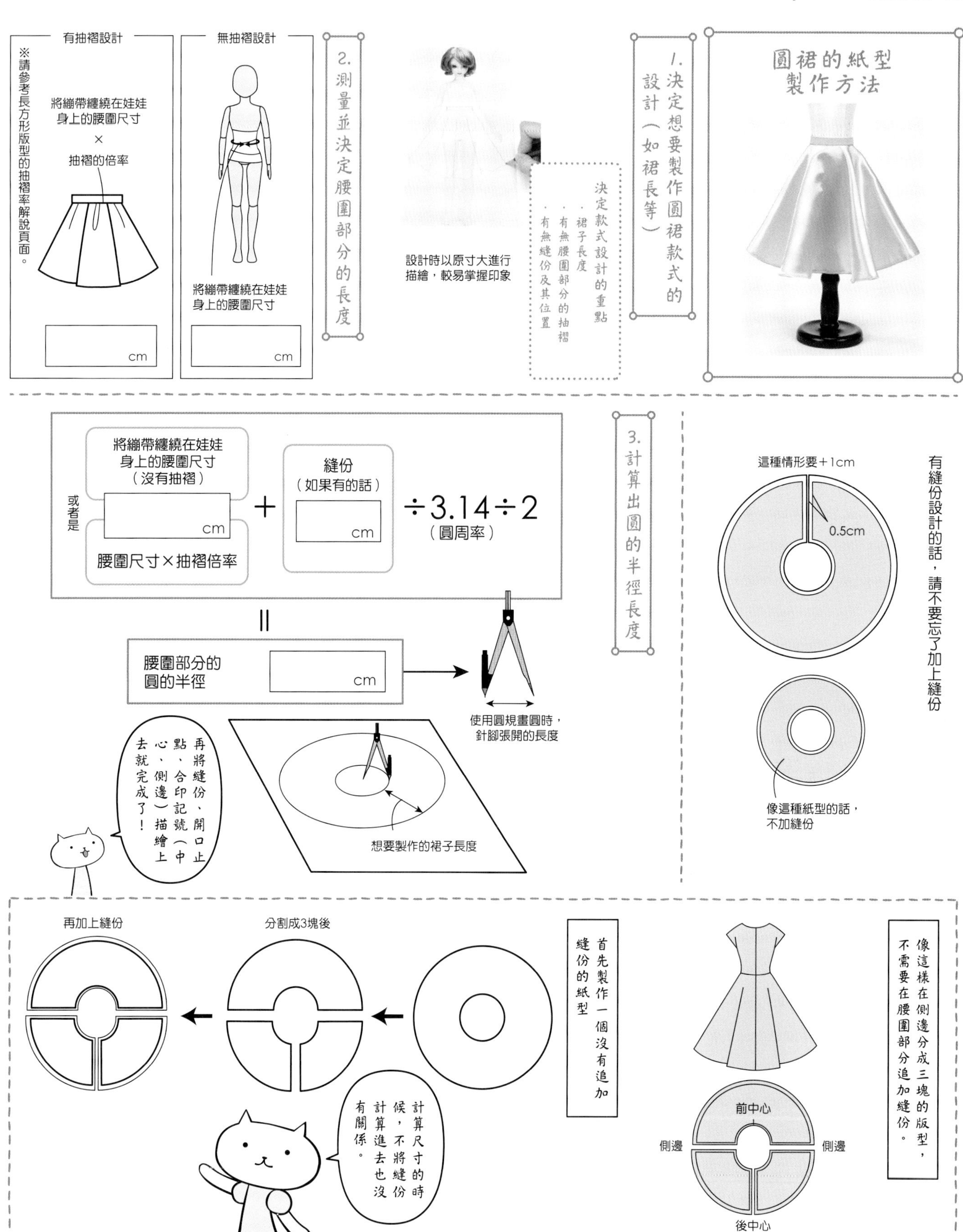

1. 決定想要製作圓裙款式的設計（如裙長等）
決定款式設計的重點
・裙子長度
・有無腰圍部分的抽褶
・有無縫份及其位置
設計時以原寸大進行描繪，較易掌握印象
2. 測量並決定腰圍部分的長度
無抽褶設計
將繃帶纏繞在娃娃身上的腰圍尺寸
cm
有抽褶設計
將繃帶纏繞在娃娃身上的腰圍尺寸
×
抽褶的倍率
cm
※請參考長方形版型的抽褶率解說頁面。
3. 計算出圓的半徑長度
將繃帶纏繞在娃娃身上的腰圍尺寸（沒有抽褶）
或者是
腰圍尺寸×抽褶倍率
cm
+
縫份（如果有的話）
cm
÷3.14÷2
（圓周率）
=
腰圍部分的圓的半徑
cm
使用圓規畫圓時，針腳張開的長度
想要製作的裙子長度
再將縫份、開口止點、合印記號（中心、側邊）描繪上去就完成了！
有縫份設計的話，請不要忘了加上縫份
這種情形要＋1cm
0.5cm
像這種紙型的話，不加縫份
首先製作一個沒有追加縫份的紙型
分割成3塊後
再加上縫份
計算尺寸的時候，不將縫份計算進去也沒有關係。
像這樣在側邊分成三塊的版型，不需要在腰圍部分追加縫份。
前中心
側邊
側邊
後中心

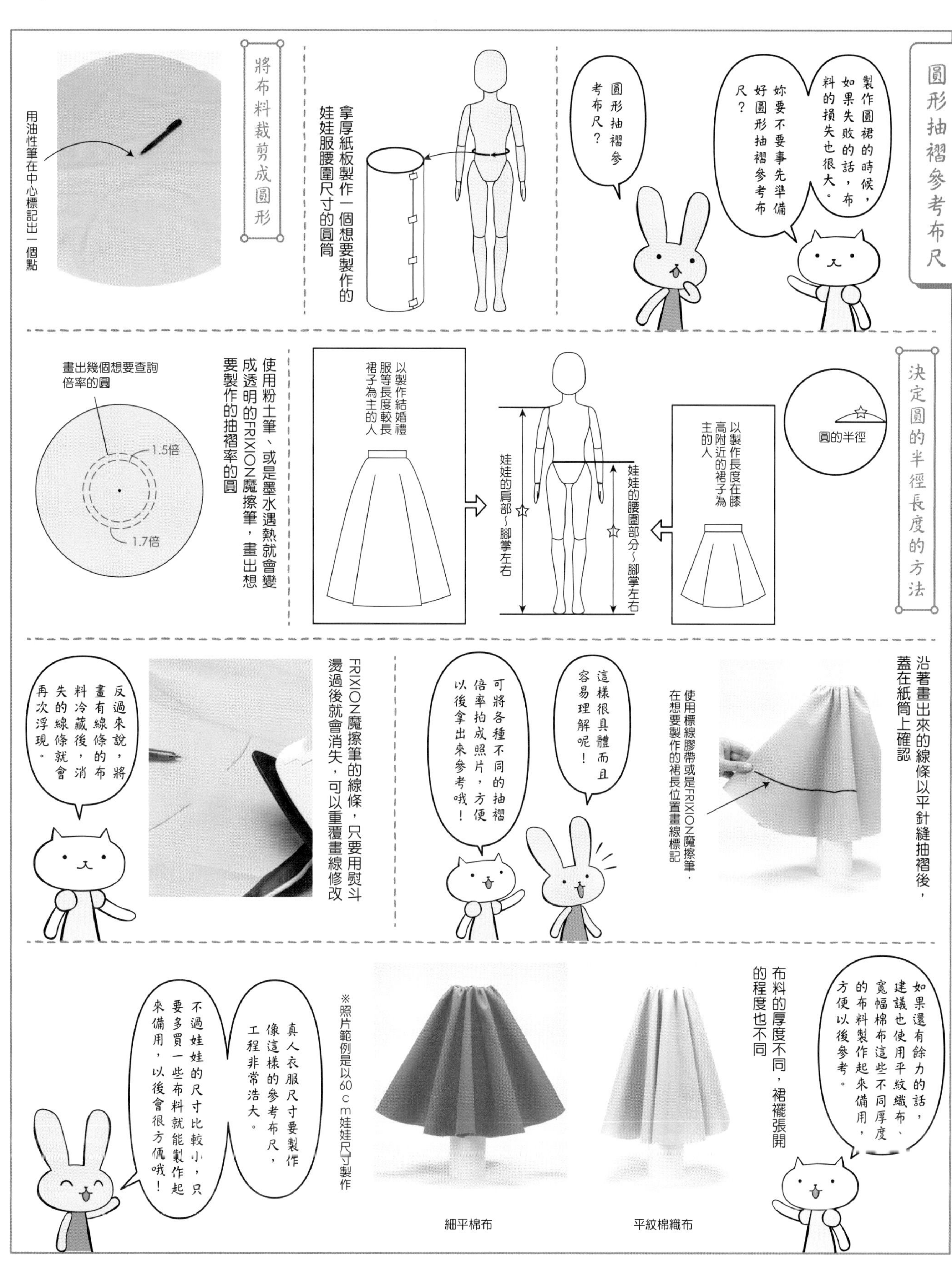
圓形抽褶參考布尺
製作圓裙的時候，如果失敗的話，布料的損失也很大。
妳要不要事先準備好圓形抽褶參考布尺？
圓形抽褶參考布尺？
拿厚紙板製作一個想要製作的娃娃服腰圍尺寸的圓筒
將布料裁剪成圓形
用油性筆在中心標記出一個點
決定圓的半徑長度的方法
圓的半徑
以製作長度在膝高附近的裙子為主的人
娃娃的腰圍部分～腳掌左右
娃娃的肩部～腳掌左右
以製作結婚禮服等長度較長裙子為主的人
使用粉土筆、或是墨水遇熱就會變成透明的FRIXION魔擦筆，畫出想要製作的抽褶率的圓
畫出幾個想要查詢倍率的圓
1.5倍
1.7倍
沿著畫出來的線條以平針縫抽褶後，蓋在紙筒上確認
使用標線膠帶或是FRIXION魔擦筆，在想要製作的裙長位置畫線標記
這樣很具體而且容易理解呢！
可將各種不同的抽褶倍率拍成照片，方便以後拿出來參考哦！
FRIXION魔擦筆的線條，只要用熨斗燙過後就會消失，可以重覆畫線修改
反過來說，將畫有線條的布料冷藏後，消失的線條就會再次浮現。
如果還有餘力的話，建議也使用平紋織布、寬幅棉布這些不同厚度的布料製作起來備用，方便以後參考。
布料的厚度不同，裙襬張開的程度也不同
※照片範例是以60cm娃娃尺寸製作
平紋棉織布
細平棉布
真人衣服尺寸要製作像這樣的參考布尺，工程非常浩大。
不過娃娃的尺寸比較小，只要多買一些布料就能製作起來備用，以後會很方便哦！

因應方法

☆盡可能使用較薄且沒有張力的布，或是使用垂墜感較好的布料

☆使用針織布料或是蕾絲布料這類布邊裁開後也不容易綻開的素材

☆塗抹防綻液

☆使用電熱筆（電熱刀）來裁切
※使用化纖布時

☆以捲邊拷克處理

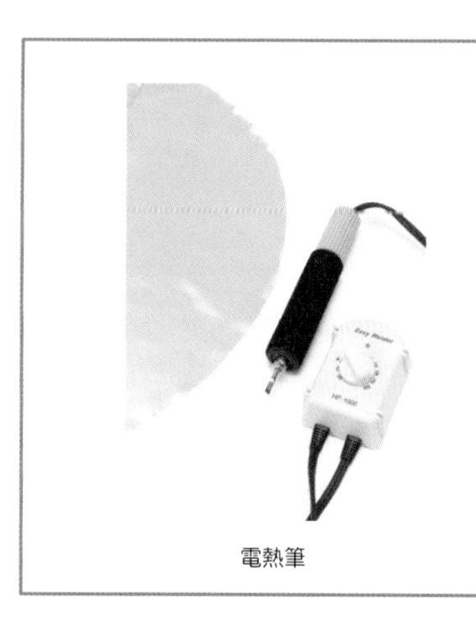

電熱筆

使用布邊不容易綻開的素材不施加收邊處理的

化纖蕾絲布料

雖然化纖的蕾絲布料布邊大多不易綻開，但多少有些張力

1／6娃娃尺寸

網布

・絲網眼紗
・彈力網布（質地較薄的產品）
※請注意不要使用到質地較厚的產品

1／6娃娃尺寸

針織布料

如果想要製作小尺寸但裙襬不希望張開的裙子時，建議可以選用市面上販售的絲襪布來製作
※不過要留意勿沾染顏色到娃娃身上

OBTISU11

裙襬處理的比較照片

裁開後未處理（電熱筆）

60cm娃娃尺寸

將下襬摺起縫線收邊

60cm娃娃尺寸

捲邊拷克

60cm娃娃尺寸

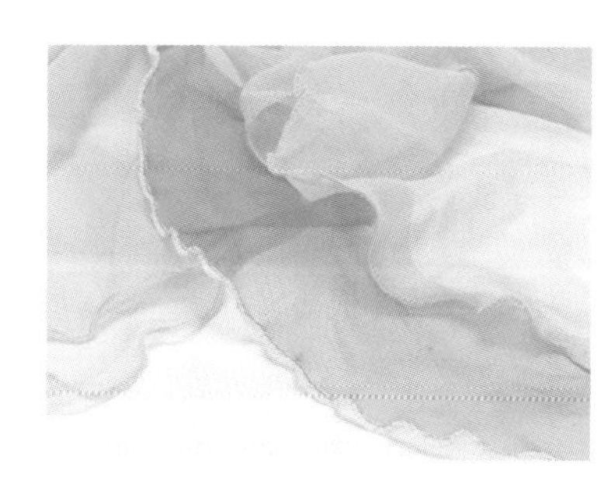

使用圓形版型的各種裙子款式

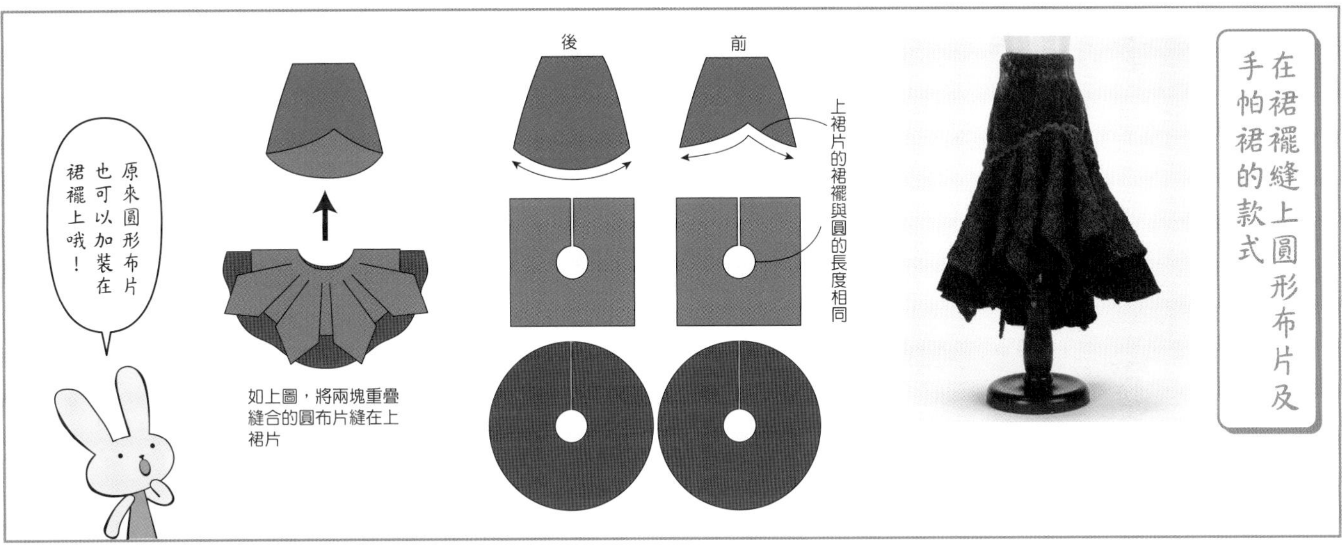

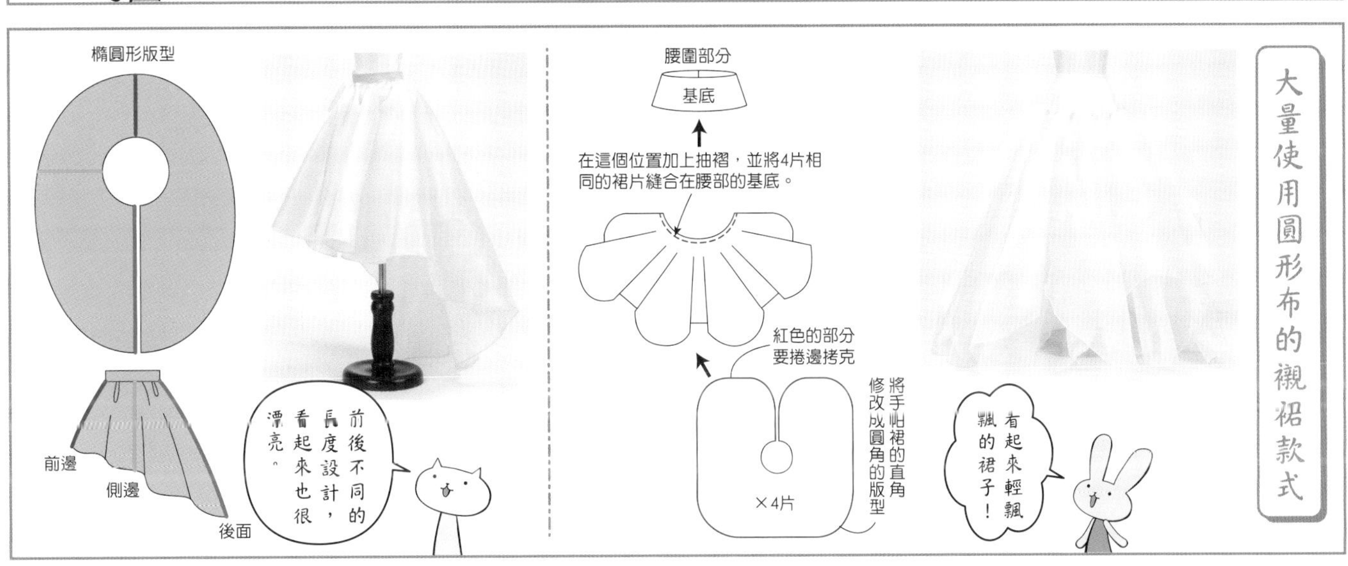

Chapter 3.

緊貼身材曲線的裙子

— SKIRT Ⅲ —

緊身裙的版型製圖

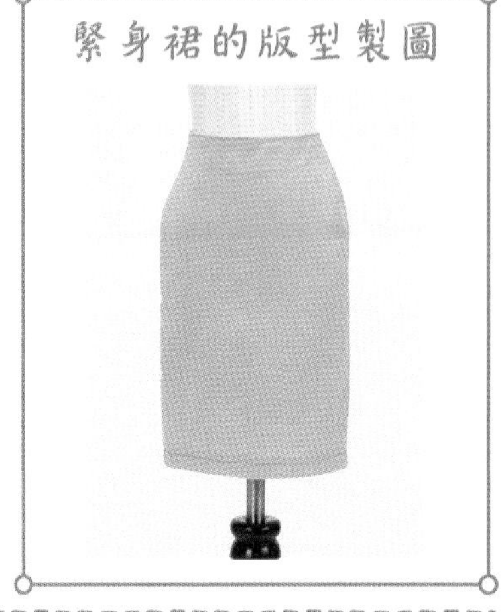

1. 決定好想要製作的款式設計

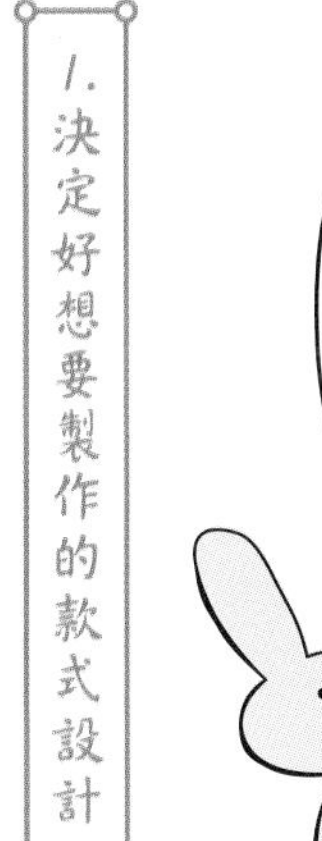

決定設計的幾個重點
・裙子的長度
・裙襬的寬度

以原寸大描繪設計，比較容易將印象表達出來

2. 在娃娃的臀部部分纏上有伸縮性的繃帶，製作出鬆份

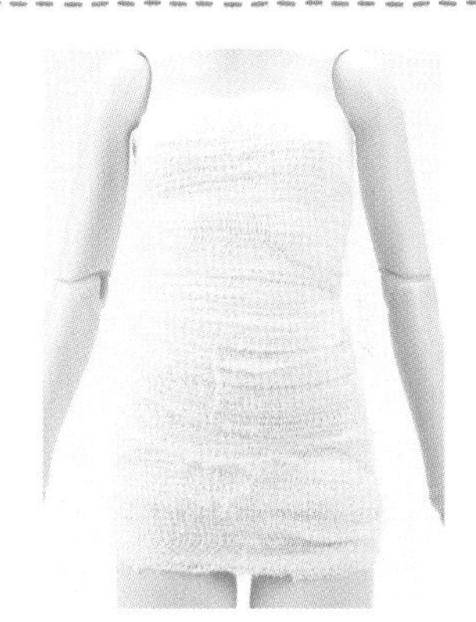

如果直接製作娃娃的貼身紙型的話，會因為縫份及持出布的厚度，最後造成裙子沒辦法扣上

3. 在前後中心、側邊、臀部曲線貼上標線膠帶

側邊部分黏貼在前後的1／2處，如果黏貼得太前面，或者是太後面的話，請再調整至剛好的位置即可

4. 測量各部位的尺寸，描繪長方形

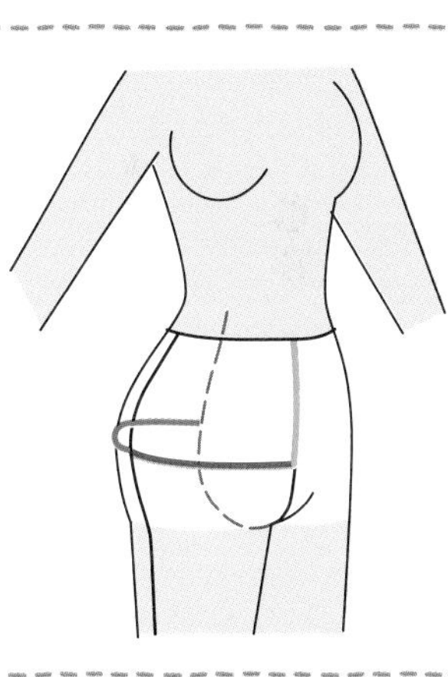

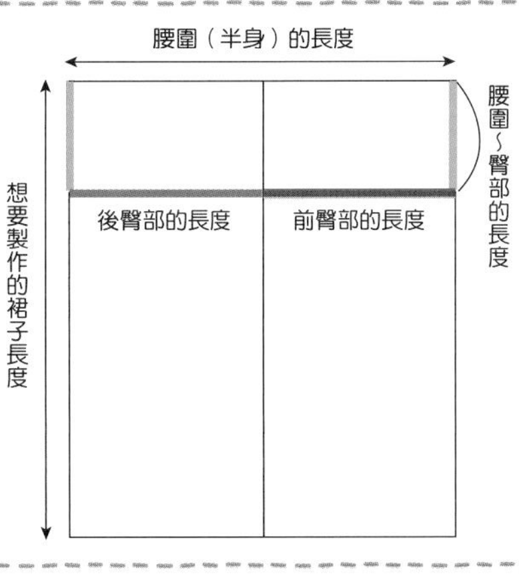

5. 將版型描繪到廚房紙巾上

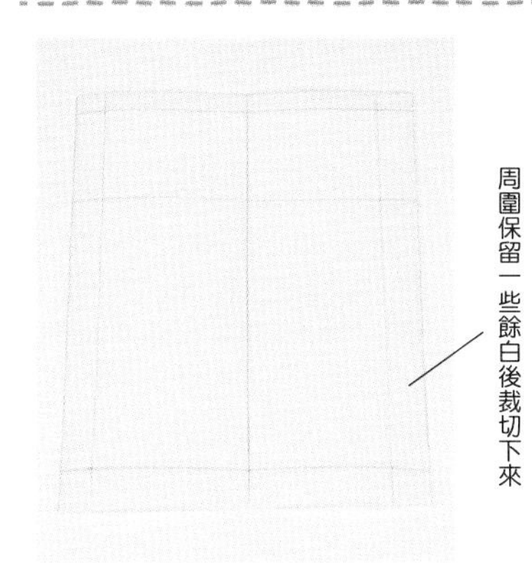

周圍保留一些餘白後裁切下來

6. 捏出側邊及縫合褶（如果有此設計的話），讓紙巾貼合身體曲線

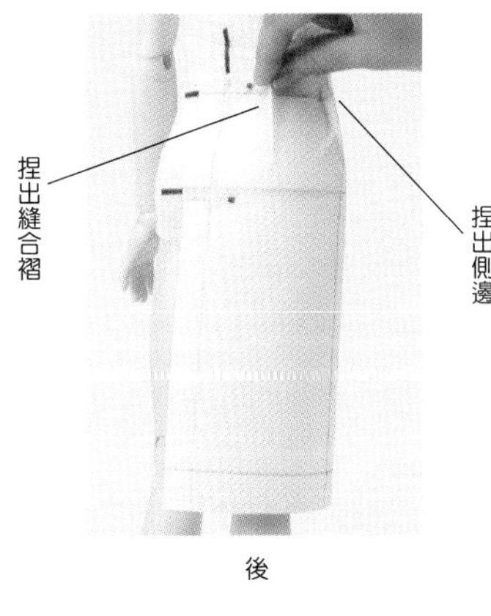

※也有很多娃娃衣服的前方或是前後兩方都沒有縫合褶的設計

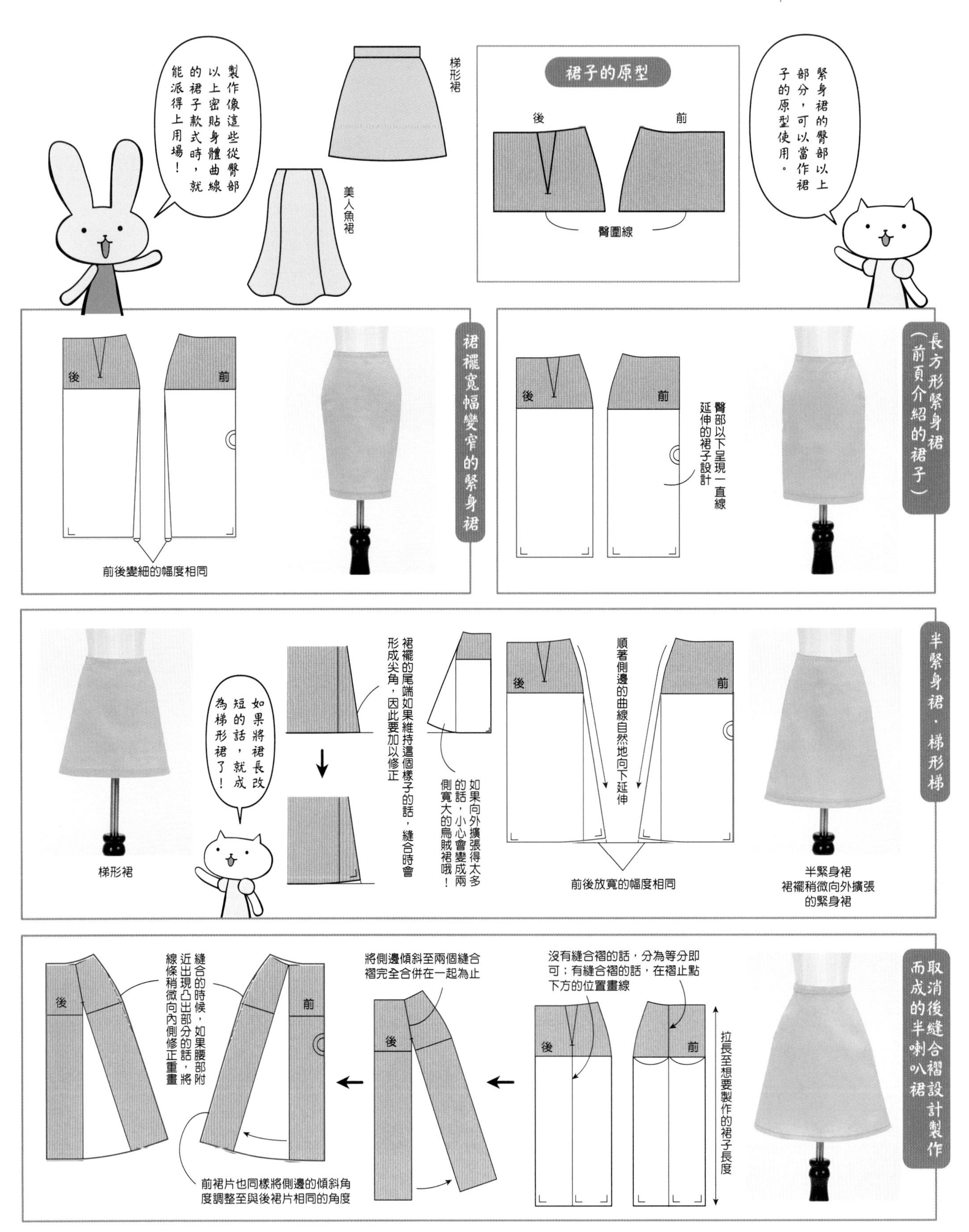
製作像這些從臀部以上密貼身體曲線的裙子款式時，就能派得上用場！
梯形裙
美人魚裙
裙子的原型
後
前
臀圍線
緊身裙的臀部以上部分，可以當作裙子的原型使用。
裙襬寬幅變窄的緊身裙
後
前
前後變細的幅度相同
長方形緊身裙（前頁介紹的裙子）
後
前
臀部以下呈現一直線延伸的裙子設計
半緊身裙・梯形梯
梯形裙
如果將裙長改短的話，就成為梯形裙了！
裙襬的尾端如果維持這個樣子的話，縫合時會形成尖角，因此要加以修正
如果向外擴張得太多的話，小心會變成兩側寬大的烏賊裙哦！
順著側邊的曲線自然地向下延伸
後
前
前後放寬的幅度相同
半緊身裙
裙襬稍微向外擴張的緊身裙
取消後縫合褶設計製作而成的半喇叭裙
沒有縫合褶的話，分為等分即可；有縫合褶的話，在褶止點下方的位置畫線
拉長至想要製作的裙子長度
後
前
將側邊傾斜至兩個縫合褶完全合併在一起為止
後
縫合的時候，如果腰部附近出現凸出部分的話，將線條稍微向內側修正重畫
後
前
前裙片也同樣將側邊的傾斜角度調整至與後裙片相同的角度

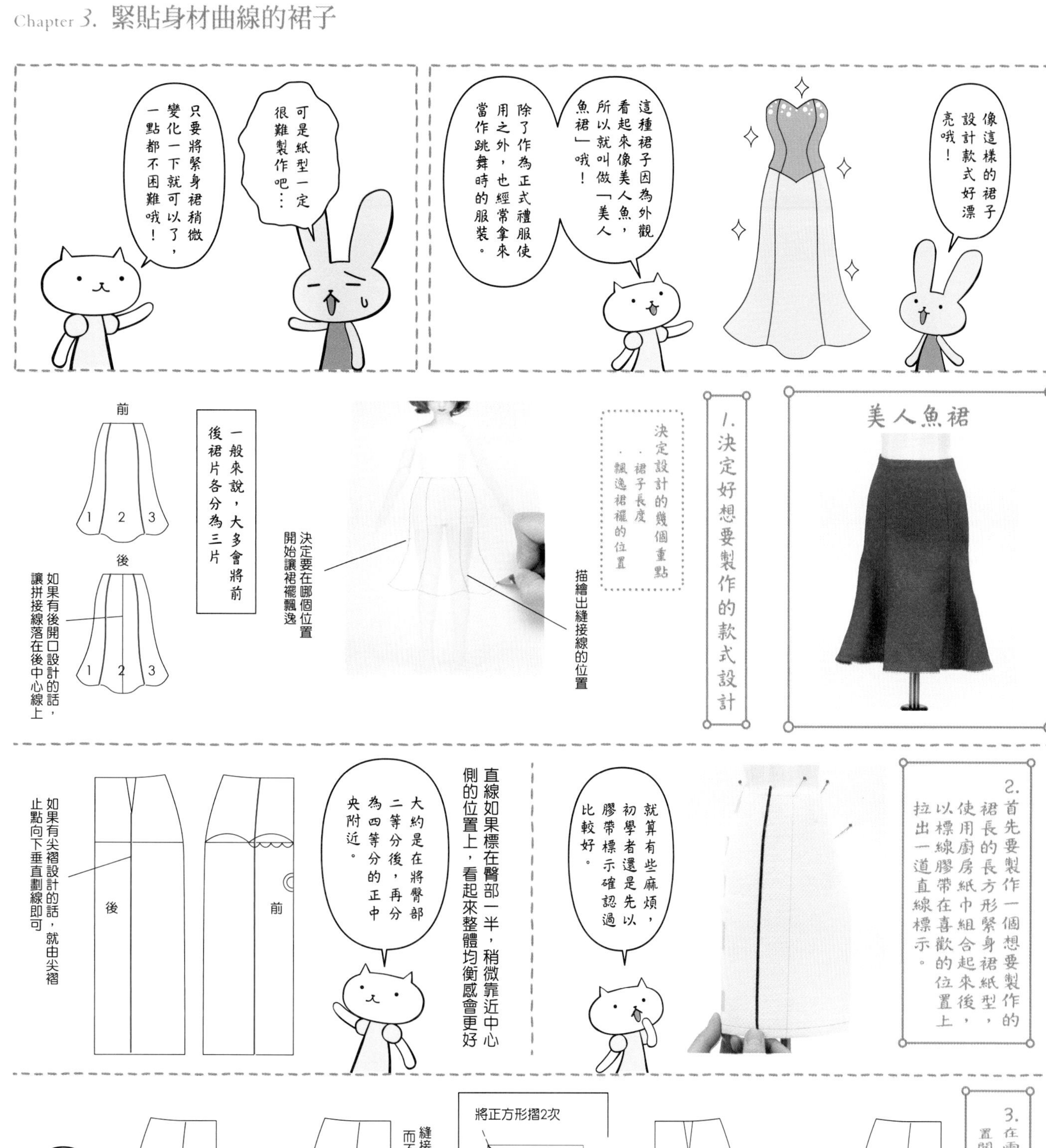

3. 在兩側的側邊，自想要讓裙襬開始飄逸的位置開始，畫一個約20～30度左右的斜三角形。

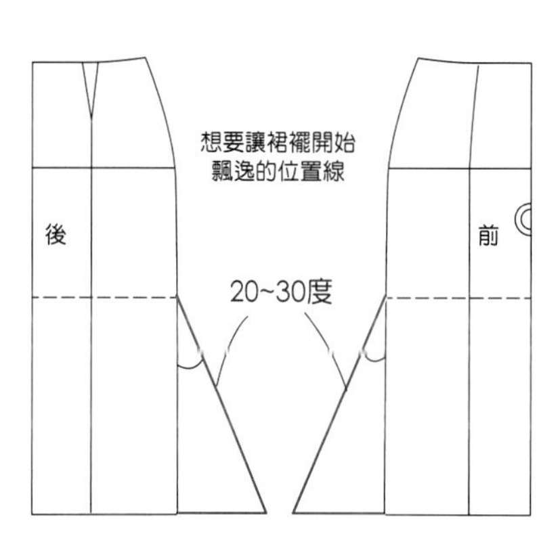

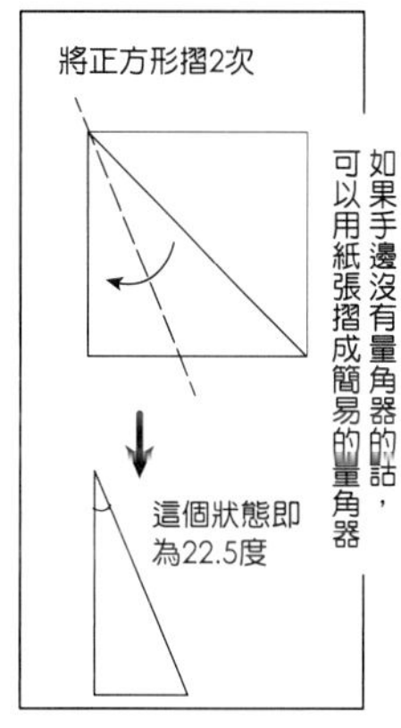

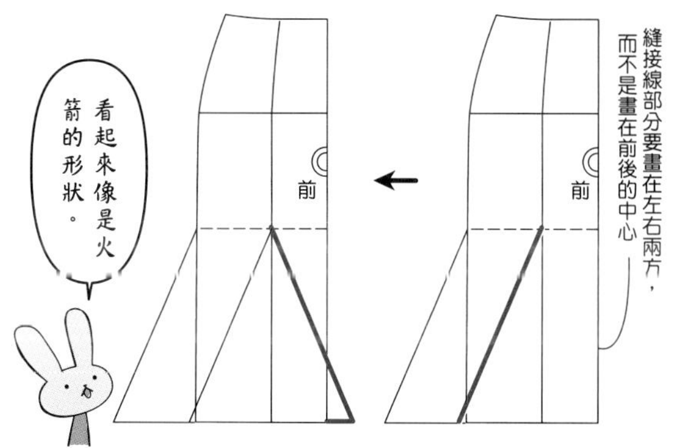

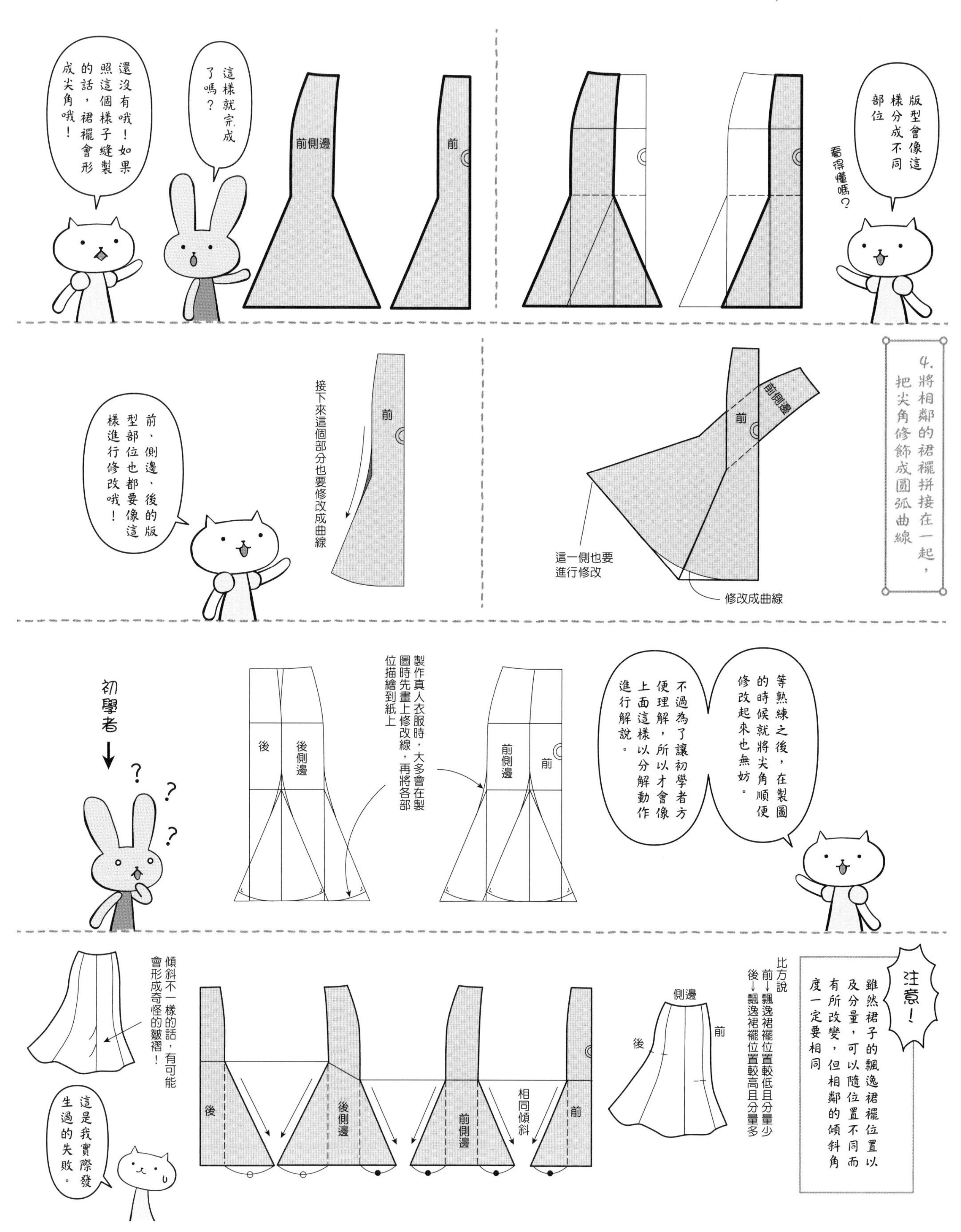
還沒有哦！如果照這個樣子縫製的話，裙襬會形成尖角哦！
這樣就完成了嗎？
前側邊
前
版型會像這樣分成不同部位
看得懂嗎？
前、側邊、後的版型部位也都要像這樣進行修改哦！
接下來這個部分也要修改成曲線
前
4. 將相鄰的裙襬拼接在一起，把尖角修飾成圓弧曲線
前側邊
前
這一側也要進行修改
修改成曲線
初學者
製作真人衣服時，大多會在製圖時先畫上修改線，再將各部位描繪到紙上
後
後側邊
前側邊
前
等熟練之後，在製圖的時候就將尖角順便修改起來也無妨。
不過為了讓初學者方便理解，所以才會像上面這樣以分解動作進行解說。
傾斜不一樣的話，有可能會形成奇怪的皺褶！
這是我實際發生過的失敗。
後
後側邊
前側邊
相同傾斜
前
比方說
前→飄逸裙襬位置較低且分量少
後→飄逸裙襬位置較高且分量多
側邊
前
後
注意！
雖然裙子的飄逸裙襬位置以及分量，可以隨位置不同而有所改變，但相鄰的傾斜角度一定要相同

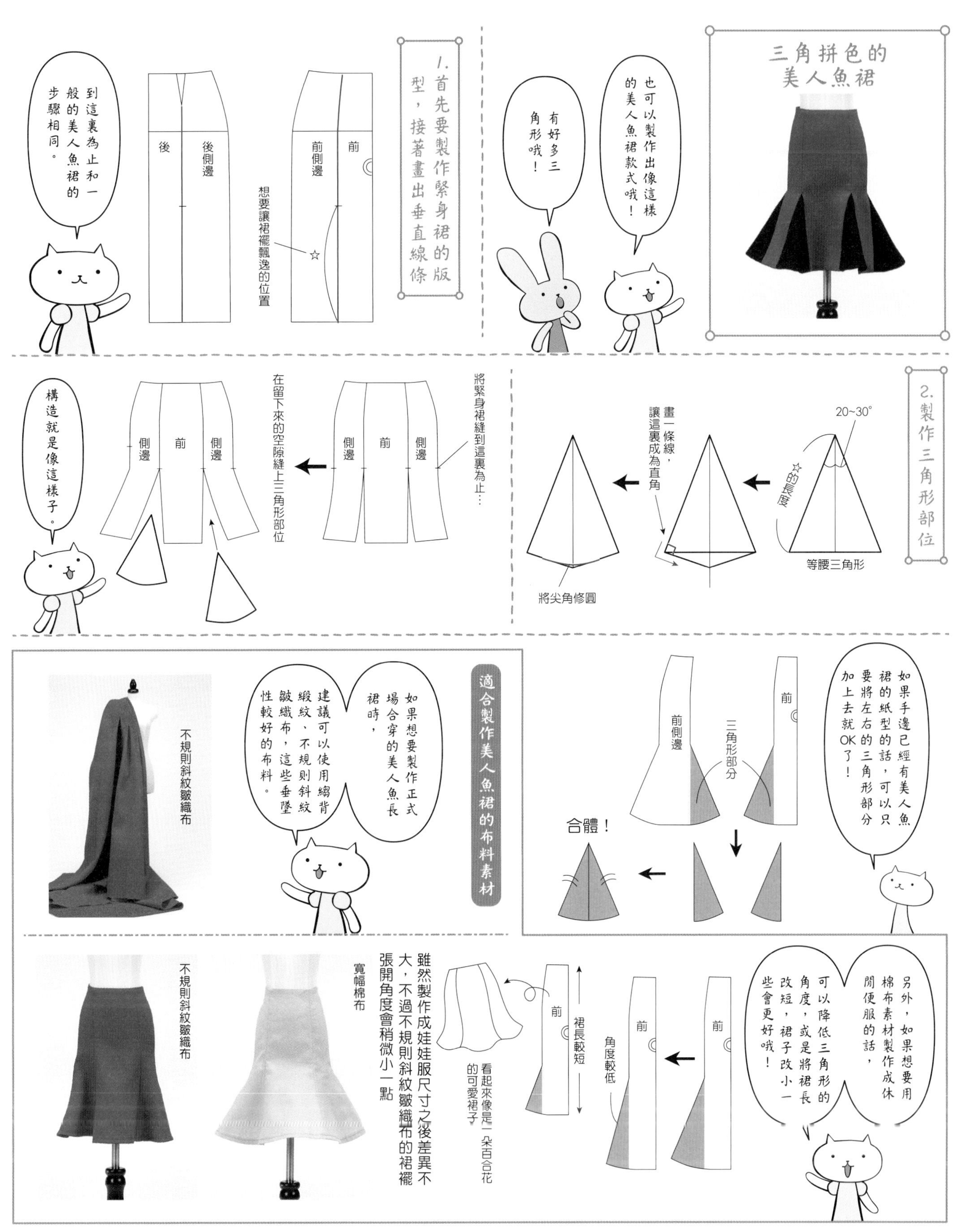
到這裏為止和一般的美人魚裙的步驟相同。
後
後側邊
前側邊
前
想要讓裙襬飄逸的位置
1.首先要製作緊身裙的版型，接著畫出垂直線條
有好多三角形哦！
也可以製作出像這樣的美人魚裙款式哦！
三角拼色的美人魚裙
構造就是像這樣子。
側邊
前
側邊
在留下來的空隙縫上三角形部位
將緊身裙縫到這裏為止…
將尖角修圓
畫一條線，讓這裏成為直角
☆的長度
20~30°
等腰三角形
2.製作三角形部位
不規則斜紋皺織布
如果想要製作正式場合穿的美人魚長裙時，
建議可以使用縐背緞紋、不規則斜紋皺織布，這些垂墜性較好的布料。
適合製作美人魚裙的布料素材
前側邊
前
三角形部分
合體！
如果手邊已經有美人魚裙的紙型的話，可以只要將左右的三角形部分加上去就OK了！
不規則斜紋皺織布
寬幅棉布
雖然製作成娃娃服尺寸之後差異不大，不過不規則斜紋皺織布的裙襬張開角度會稍微小一點
看起來像是一朵百合花的可愛裙子
前
裙長較短
角度較低
前
前
另外，如果想要用棉布素材製作成休閒便服的話，可以降低三角形的角度，或是將裙長改短，裙子改小一些會更好哦！

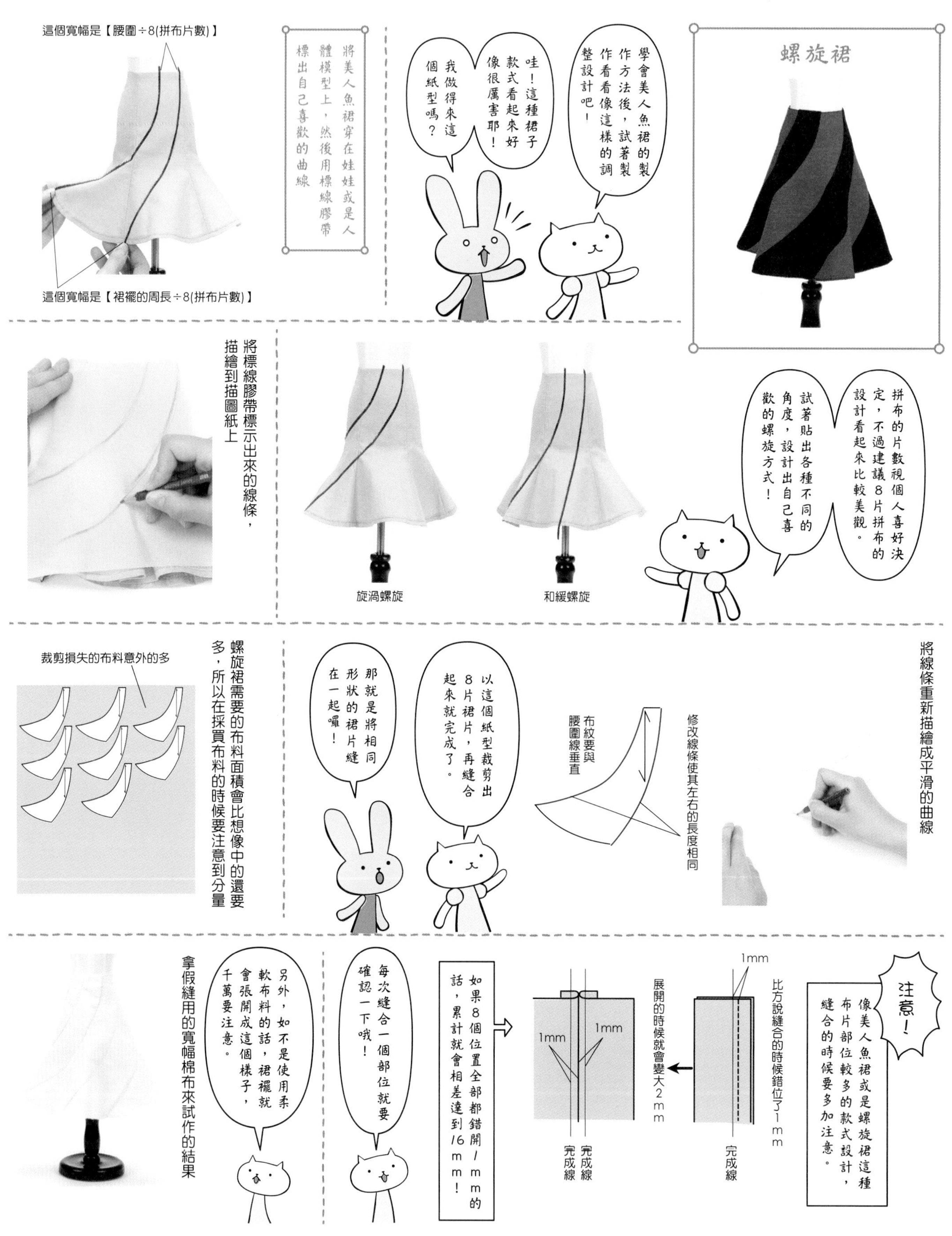
螺旋裙
學會美人魚裙的製作方法後，試著製作看看像這樣的調整設計吧！
哇！這種裙子款式看起來好像很厲害耶！
我做得來這個紙型嗎？
將美人魚裙穿在娃娃或是人體模型上，然後用標線膠帶標出自己喜歡的曲線
這個寬幅是【腰圍÷8(拼布片數)】
這個寬幅是【裙襬的周長÷8(拼布片數)】
拼布的片數視個人喜好決定，不過建議8片拼布的設計看起來比較美觀。
試著貼出各種不同的角度，設計出自己喜歡的螺旋方式！
和緩螺旋
旋渦螺旋
將標線膠帶標示出來的線條，描繪到描圖紙上
將線條重新描繪成平滑的曲線
修改線條使其左右的長度相同
布紋要與腰圍線垂直
以這個紙型裁剪出8片裙片，再縫合起來就完成了。
那就是將相同形狀的裙片縫在一起囉！
螺旋裙需要的布料面積會比想像中的還要多，所以在採買布料的時候要注意到分量
裁剪損失的布料意外的多
注意！
像美人魚裙或是螺旋裙這種布片部位較多的款式設計，縫合的時候要多加注意。
比方說縫合的時候錯位了1mm
1mm
完成線
展開的時候就會變大2mm
1mm
1mm
完成線
完成線
如果8個位置全部都錯開1mm的話，累計就會相差達到16mm！
每次縫合一個部位就要確認一下哦！
另外，如不是使用柔軟布料的話，裙襬就會張開成這個樣子，千萬要注意。
拿假縫用的寬幅棉布來試作的結果

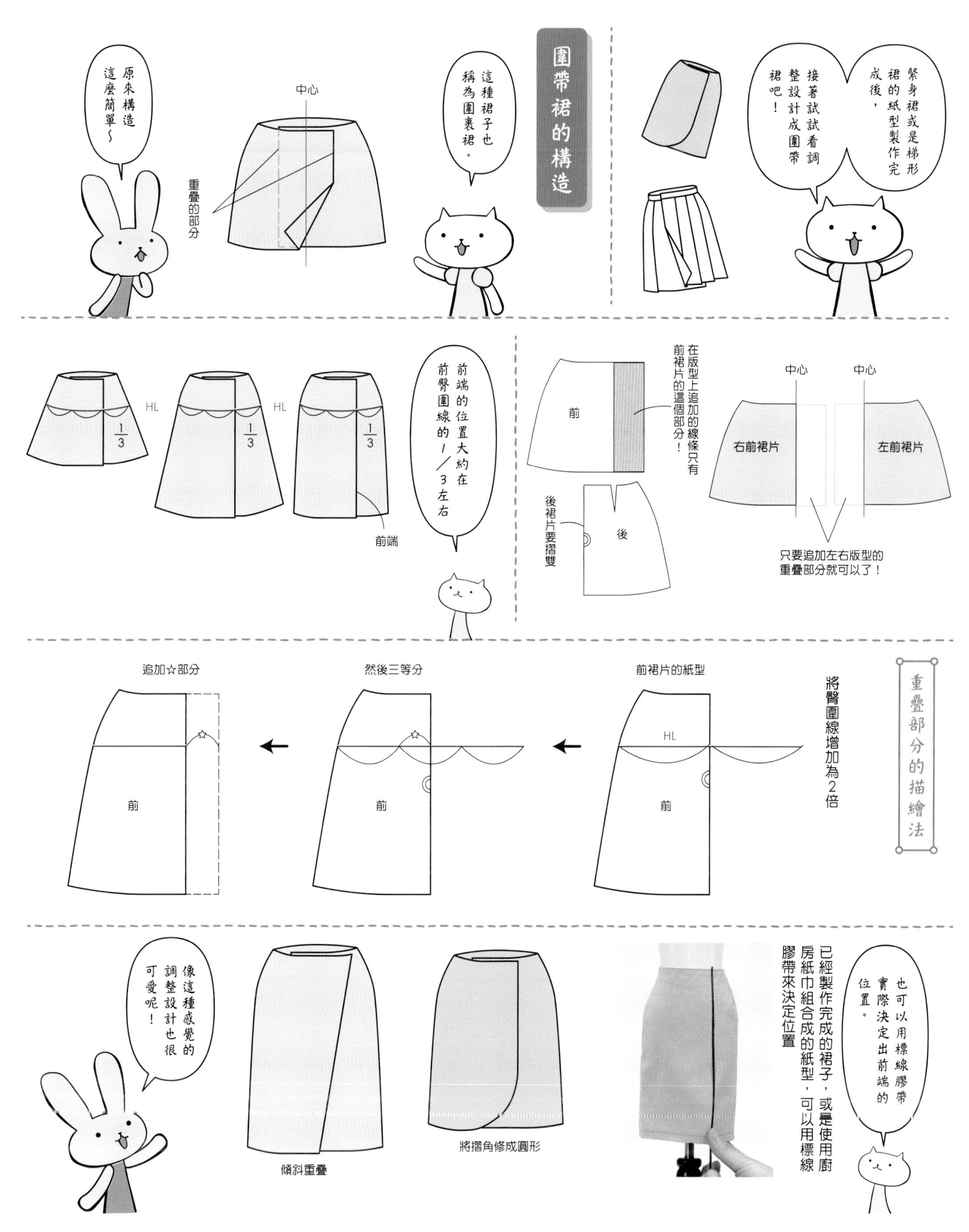
圍帶裙的構造
原來構造這麼簡單～
中心
重疊的部分
這種裙子也稱為圍裹裙。
緊身裙或是梯形裙的紙型製作完成後，
接著試試看調整設計成圍帶裙吧！
HL
1/3
前端
前端的位置大約在前臀圍線的1/3左右
在版型上追加的線條只有前裙片的這個部分！
前
後裙片要摺雙
後
中心
中心
右前裙片
左前裙片
只要追加左右版型的重疊部分就可以了！
重疊部分的描繪法
將臀圍線增加為2倍
前裙片的紙型
HL
前
然後三等分
前
追加☆部分
前
像這種感覺的調整設計也很可愛呢！
傾斜重疊
將摺角修成圓形
已經製作完成的裙子，或是使用廚房紙巾組合成的紙型，可以用標線膠帶來決定位置
也可以用標線膠帶實際決定出前端的位置。

參考作品
刊載於「Dollybird 25」

Chapter 4.

各種不同形式的裙子

— SKIRT Ⅳ —

百褶裙看起來好可愛哦～
好！人家馬上來製作一件！
將布料摺疊起來…
工程浩大！
然後再加上腰帶就完成了！
太好了～完成！
立刻穿穿看吧！
咦？裙襬怎麼沒辦法再張開了呢？
裙襬一張開，裙襬的褶痕就不見了
本來想製作成這樣的
人家摺疊這麼多褶子很辛苦的說～
嗯～與其說是褶子數量的問題，不如說是妳的摺法不對了。
對於腰圍和臀圍尺寸有差距的娃娃身體，褶子如果是摺成長方形的話，避免不了會變成這個樣子。
↓變成這個樣子
腰圍和裙襬的尺寸相差了這麼多
如果是上下尺寸相差不大的娃娃身體，摺成長方形是不要緊啦…
腰圍和臀圍尺寸相差不大的娃娃身體
或者是低腰款式的衣服，也比較沒有關係
如果是想要讓裙襬張開的款式設計，那麼重點就是不要使用長方形，而是要用梯形的版型。
腰圍與裙襬的尺寸形成差異
原來如此～

百褶裙的製圖方法

那麼我們來實際製作迷你百褶裙的紙型，試試看吧！
人家曾經看過真人尺寸的版型，百褶裙的版型長得像這樣對吧？
尺寸計算看起來好複雜哦！
與其說是紙型，人家覺得還比較像是密碼之類的暗號圖形哩～
別擔心！我會教妳比一般的描繪方法更簡單的製圖方法。
首先我們要將繃帶纏在娃娃身體上，將鬆份追加出來！
百褶裙因為布料相疊的關係，厚度會變得比較厚，所以繃帶可以多纏一些上去
1/6以下的娃娃 纏繞二～三層
1/6以上的娃娃 纏繞三～四層
老師說纏繞繃帶時，以這樣的分量為參考即可
如果不預先追加鬆份，悲劇就發生了！
好不容易做好的衣服，沒想到太緊穿不上，真叫人傷心！
緊到裙子合不上了！
測量每個部位的尺寸
・腰圍尺寸
・裙襬的周長
・裙子的長度（這次是製作成迷你裙長度）
腰圍用裁縫捲尺、裙子長度用直尺、裙襬使用鋁線會比較好測量
一邊在心裏想像完成的裙子，一邊測量。
也就是空氣裙子囉？
將測量到的尺寸，像這樣子記錄下來
腰圍○○cm
長△cm
裙襬□□cm
將腰圍的周長除以褶子的數量
腰圍的周長 / 褶子的數量 = ○
裙襬的周長 / 褶子的數量 = ●
計算一下哦！
不要忘了數後面的褶子數量哦！
①②③④⑤⑥⑦⑧⑨⑩
描繪出像這樣左右對稱的梯形
裙子的長度
注意不要變成這樣傾斜哦！
如果是練習製作的初學者，建議先挑戰看看方便計算的十道褶子的款式設計。

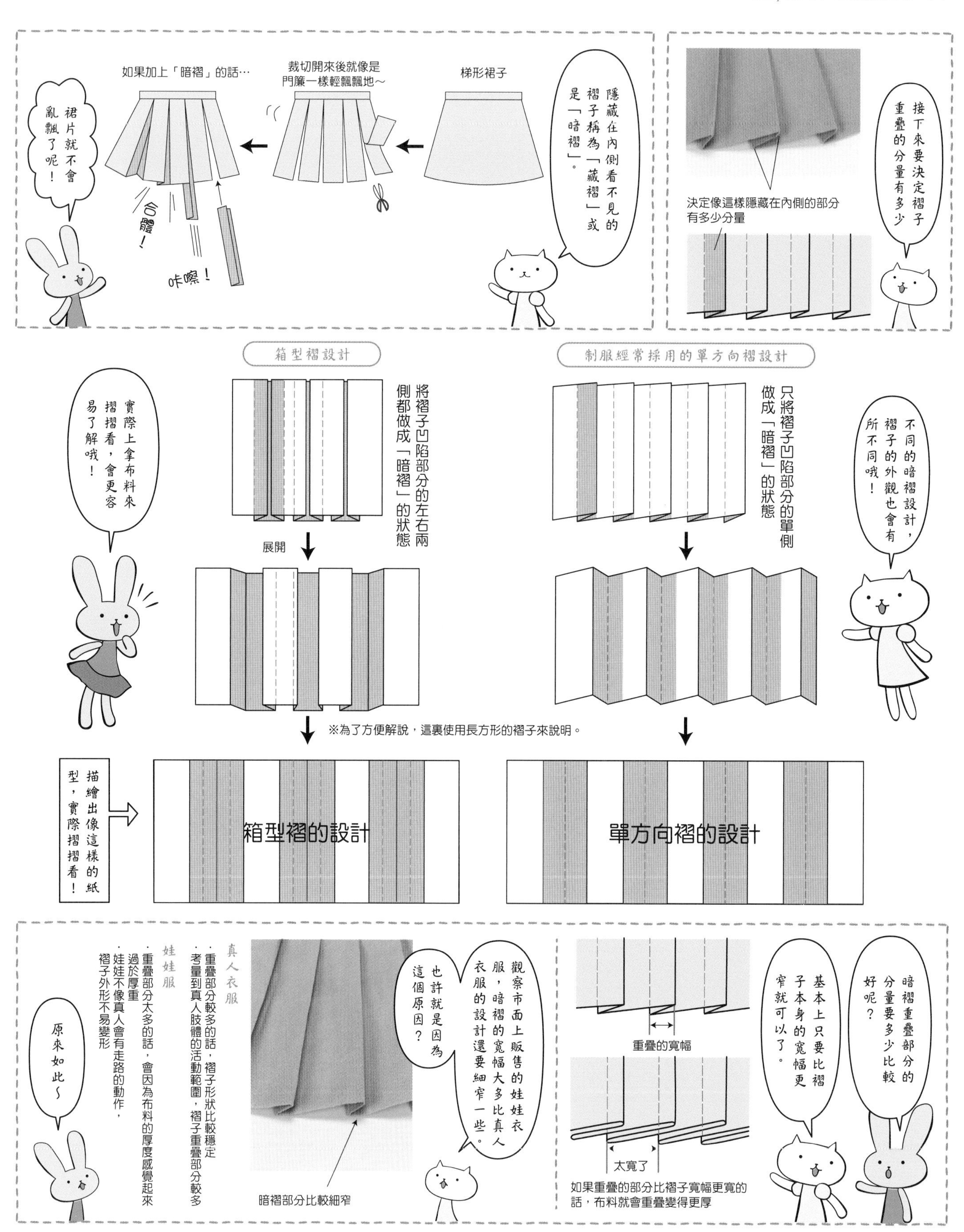
梯形裙子
裁切開來後就像是門簾一樣輕飄飄地～
如果加上「暗褶」的話…
隱藏在內側看不見的褶子稱為「藏褶」或是「暗褶」。
裙片就不會亂飄了呢！
合體！
咔嚓！
接下來要決定褶子重疊的分量有多少
決定像這樣隱藏在內側的部分有多少分量
箱型褶設計
將褶子凹陷部分的左右兩側都做成「暗褶」的狀態
展開
制服經常採用的單方向褶設計
只將褶子凹陷部分的單側做成「暗褶」的狀態
實際上拿布料來摺摺看，會更容易了解哦！
不同的暗褶設計，褶子的外觀也會有所不同哦！
※為了方便解說，這裏使用長方形的褶子來說明。
描繪出像這樣的紙型，實際摺摺看！
箱型褶的設計
單方向褶的設計
真人衣服
·重疊部分較多的話，褶子形狀比較穩定
·考量到真人肢體的活動範圍，褶子重疊部分較多
娃娃服
·重疊部分太多的話，會因為布料的厚度感覺起來過於厚重
·娃娃不像真人會有走路的動作，褶子外形不易變形
原來如此～
暗褶部分比較細窄
觀察市面上販售的娃娃衣服，暗褶的寬幅大多比真人衣服的設計還要細窄一些。
也許就是因為這個原因？
重疊的寬幅
太寬了
如果重疊的部分比褶子寬幅更寬的話，布料就會重疊變得更厚
暗褶重疊部分的分量要多少比較好呢？
基本上只要比褶子本身的寬幅更窄就可以了。

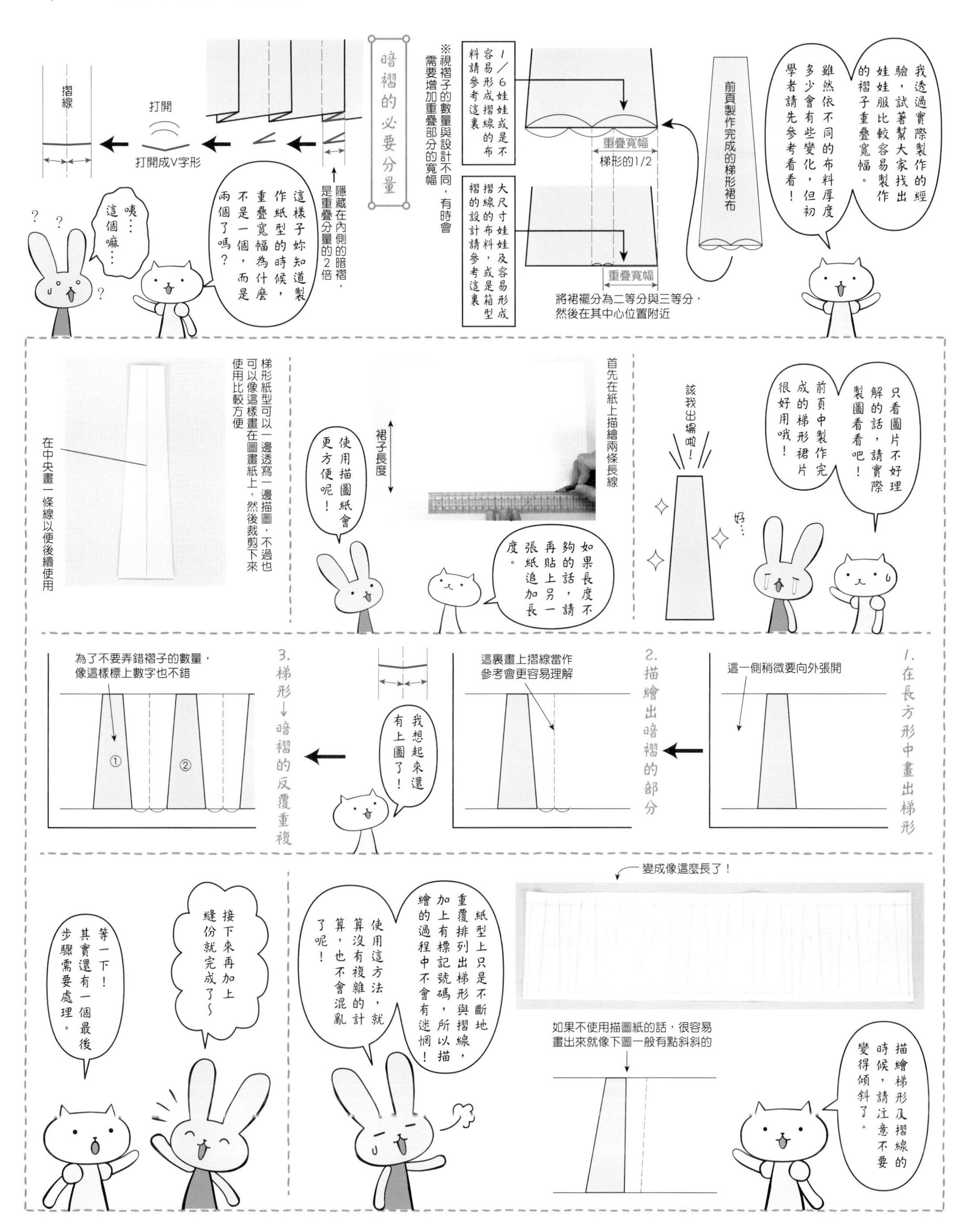

我透過實際製作的經驗，試著幫大家找出娃娃服比較容易製作的褶子重疊寬幅。
雖然依不同的布料厚度多少會有些變化，但初學者請先參考看看！
前頁製作完成的梯形裙布
重疊寬幅
梯形的1/2
重疊寬幅
將裙襬分為二等分與三等分，然後在其中心位置附近
1/6娃娃或是不容易形成摺線的布料請參考這裏
大尺寸娃娃及容易形成摺線的布料，或是箱型褶的設計請參考這裏
※視褶子的數量與設計不同，有時會需要增加重疊部分的寬幅
暗褶的必要分量
隱藏在內側的暗褶，是重疊分量的2倍
打開
打開成V字形
摺線
這樣子妳知道製作紙型的時候，重疊寬幅為什麼不是一個，而是兩個了嗎？
咦…這個嘛…
只看圖片不好理解的話，請實際製圖看看吧！
前頁中製作完成的梯形裙片很好用哦！
好…
該我出場啦！
首先在紙上描繪兩條長線
裙子長度
如果長度不夠的話，請再貼上另一張紙追加長度。
使用描圖紙會更方便呢！
梯形紙型可以一邊透寫一邊描圖，不過也可以像這樣畫在圖畫紙上，然後裁剪下來使用比較方便
在中央畫一條線以便後續使用
1.在長方形中畫出梯形
這一側稍微要向外張開
2.描繪出暗褶的部分
這裏畫上摺線當作參考會更容易理解
我想起來還有上圖了！
3.梯形→暗褶的反覆重複
為了不要弄錯褶子的數量，像這樣標上數字也不錯
①
②
變成像這麼長了！
如果不使用描圖紙的話，很容易畫出來就像下圖一般有點斜斜的
描繪梯形及摺線的時候，請注意不要變得傾斜了。
紙型上只是不斷地重覆排列出梯形與摺線，加上有標記號碼，所以描繪的過程中不會有迷惘！
使用這方法，就算沒有複雜的計算，也不會混亂了呢！
接下來再加上縫份就完成了～
等一下！其實還有一個最後步驟需要處理。

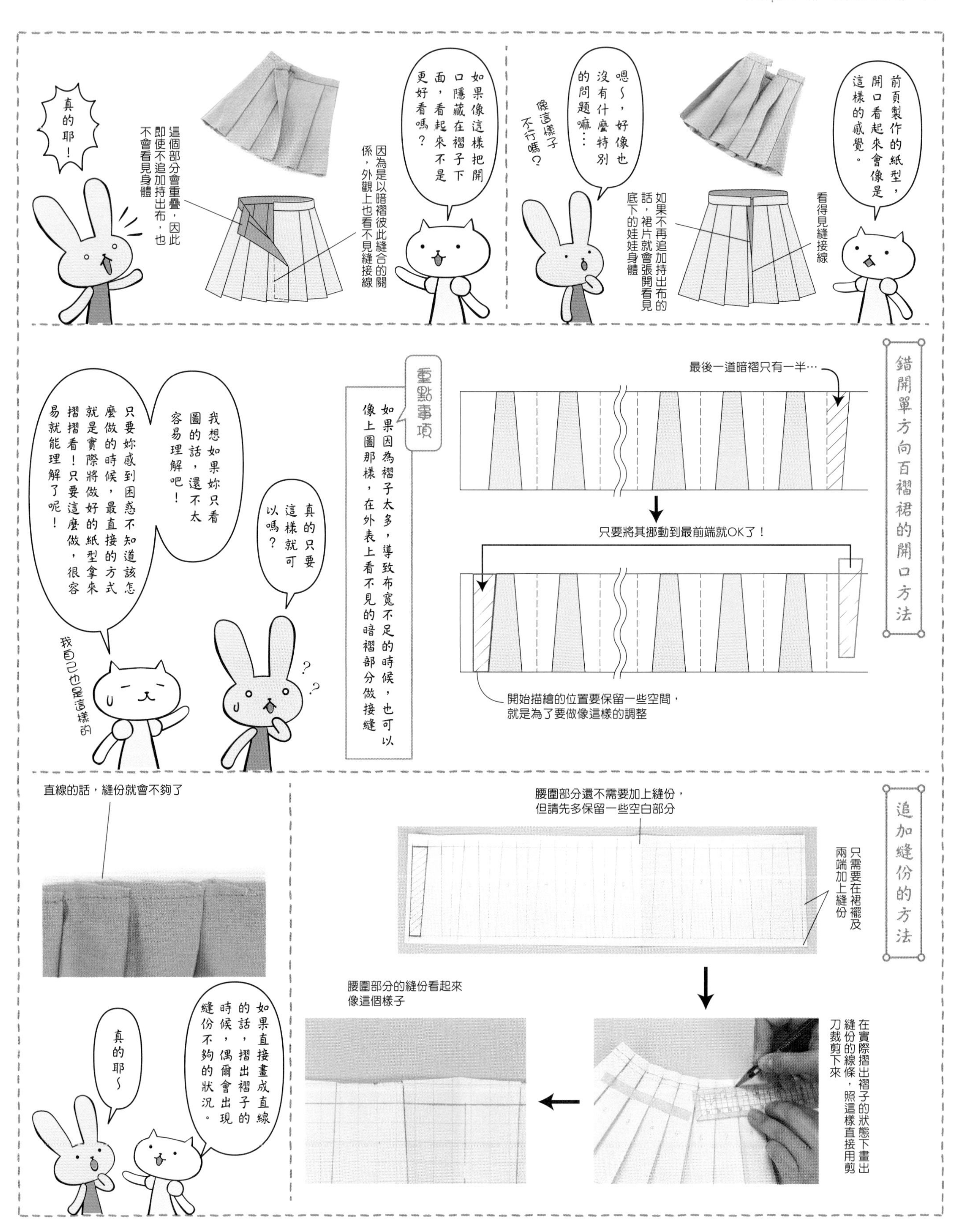
前頁製作的紙型，開口看起來會像是這樣的感覺。
看得見縫接線
如果不再追加持出布的話，裙片就會張開看見底下的娃娃身體
嗯～，好像也沒有什麼特別的問題嘛…
像這樣子不行嗎？
如果像這樣把開口隱藏在褶子下面，看起來不是更好看嗎？
因為是以暗褶彼此縫合的關係，外觀上也看不見縫接線
這個部分會重疊，因此即使不追加持出布，也不會看見身體
真的耶！
錯開單方向百褶裙的開口方法
最後一道暗褶只有一半…
只要將其挪動到最前端就OK了！
開始描繪的位置要保留一些空間，就是為了要做像這樣的調整
重點事項
如果因為褶子太多，導致布寬不足的時候，也可以像上圖那樣，在外表上看不見的暗褶部分做接縫
真的只要這樣就可以嗎？
我想如果妳只看圖的話，還不太容易理解吧！
只要妳感到困惑不知道該怎麼做的時候，最直接的方式就是實際將做好的紙型拿來摺摺看！只要這麼做，很容易就能理解了呢！
我自己也是這樣的
追加縫份的方法
腰圍部分還不需要加上縫份，但請先多保留一些空白部分
只需要在裙襬及兩端加上縫份
在實際摺出褶子的狀態下畫出縫份的線條，照這樣直接用剪刀裁剪下來
腰圍部分的縫份看起來像這個樣子
直線的話，縫份就會不夠了
如果直接畫成直線的話，摺出褶子的時候，偶爾會出現縫份不夠的狀況。
真的耶～

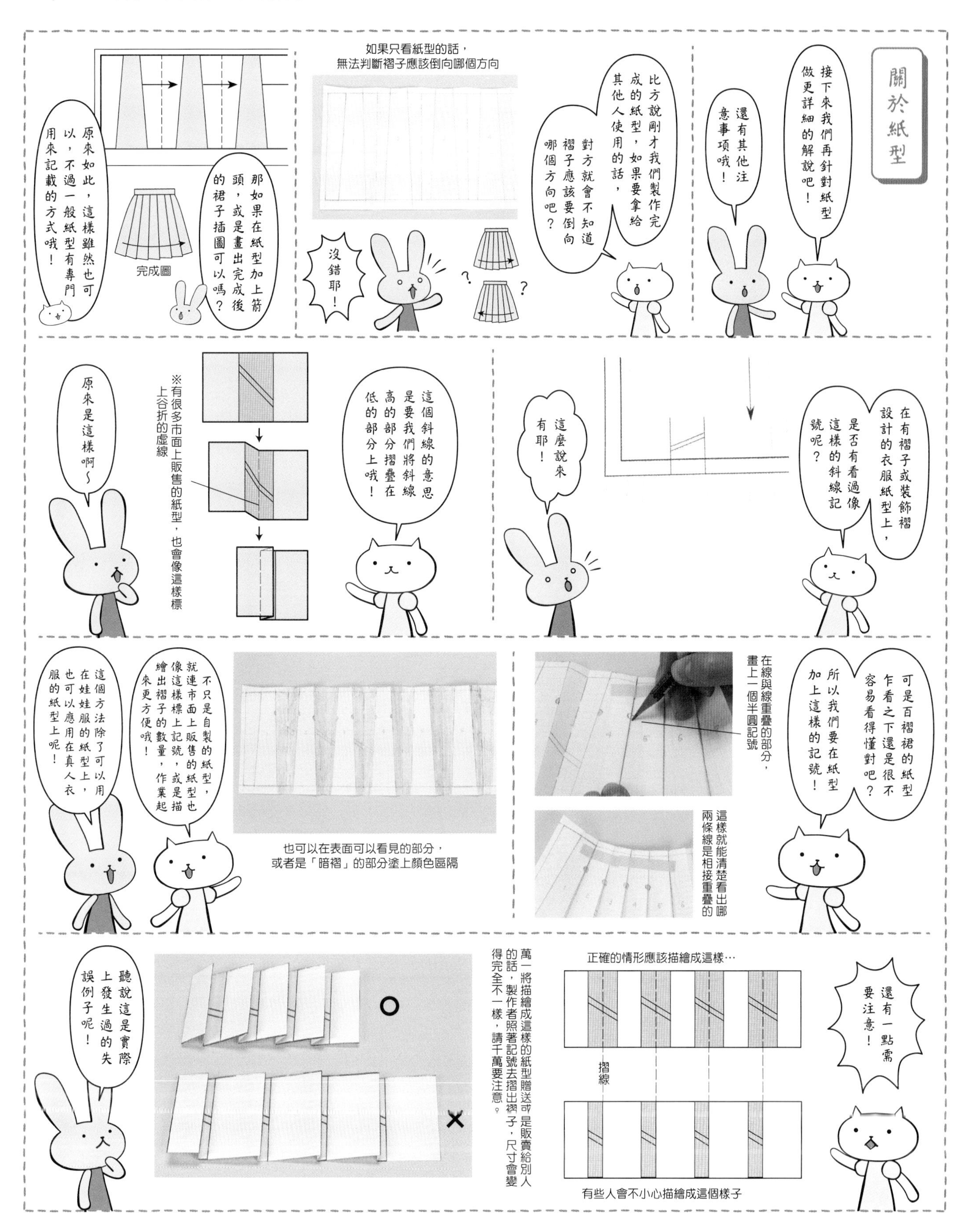
關於紙型
接下來我們再針對紙型做更詳細的解說吧！
還有其他注意事項哦！
比方說剛才我們製作完成的紙型，如果要拿給其他人使用的話，
對方就會不知道褶子應該要倒向哪個方向吧？
如果只看紙型的話，無法判斷褶子應該倒向哪個方向
沒錯耶！
那如果在紙型加上箭頭，或是畫出完成後的裙子插圖可以嗎？
完成圖
原來如此，這樣雖然也可以，不過一般紙型有專門用來記載的方式哦！
在有褶子的衣服紙型上，設計的衣服紙型或裝飾褶號呢？
是否有看過像這樣的斜線記號呢？
這麼說來有耶！
這個斜線的意思是要我們將斜線高的部分摺疊在低的部分上哦！
※有很多市面上販售的紙型，也會像這樣標上谷折的虛線
原來是這樣啊～
可是百褶裙的紙型乍看之下還是很不容易看得懂對吧？
所以我們要在紙型加上這樣的記號！
在線與線重疊的部分，畫上一個半圓記號
這樣就能清楚看出哪兩條線是相接重疊的
不只是自製的紙型，就連市面上販售的紙型也像這樣標上記號，或是描繪出褶子的數量，作業起來更方便哦！
也可以在表面可以看見的部分，或者是「暗褶」的部分塗上顏色區隔
這個方法除了可以用在娃娃服的紙型上，也可以應用在真人衣服的紙型上呢！
還有一點需要注意！
正確的情形應該描繪成這樣…
摺線
有些人會不小心描繪成這個樣子
萬一將描繪成這樣的紙型贈送或是販賣給別人的話，製作者照著記號去摺出褶子，尺寸會變得完全不一樣，請千萬要注意。
聽說這是實際上發生過的失誤例子呢！

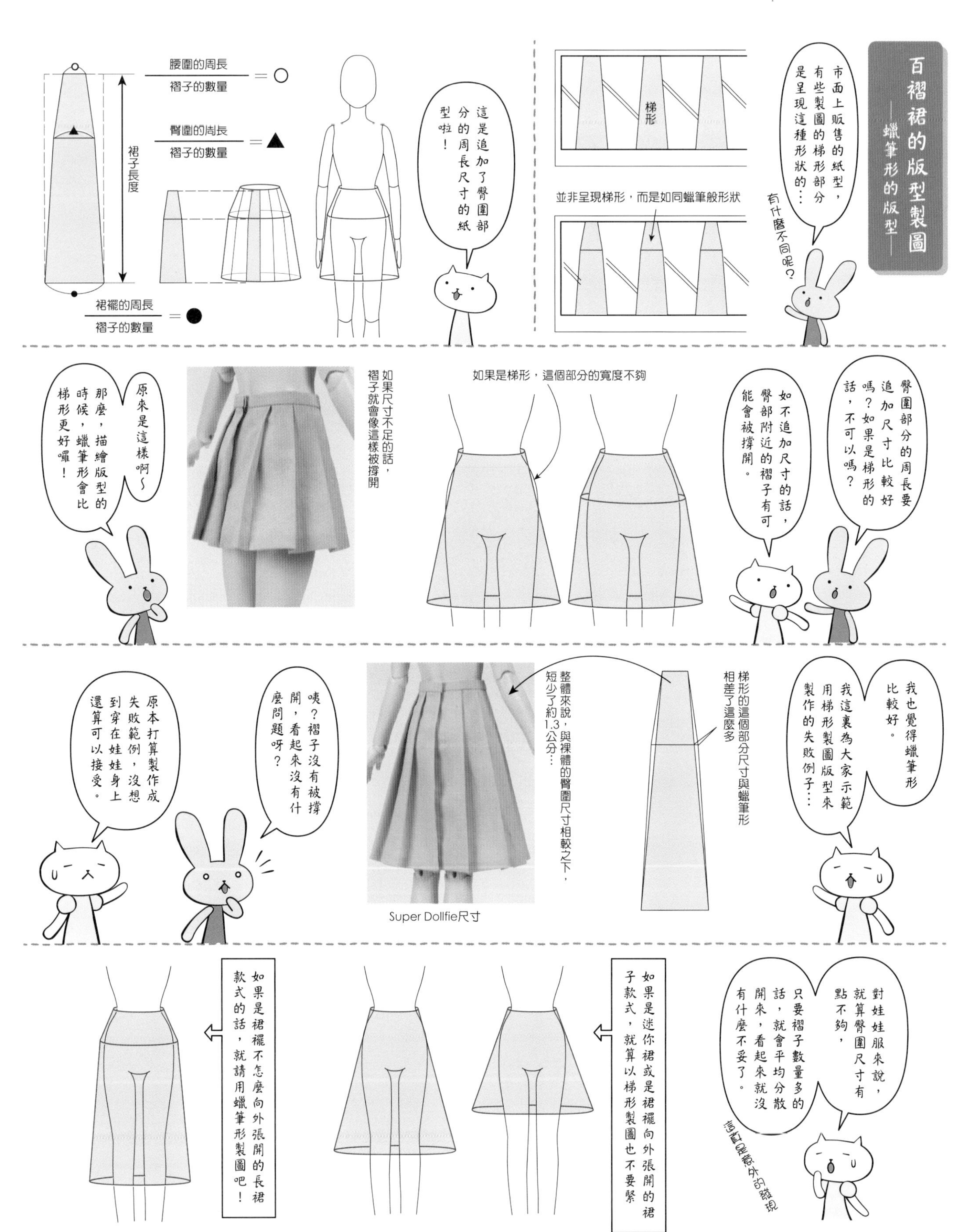
百褶裙的版型製圖
—蠟筆形的版型—
市面上販售的紙型，有些製圖的梯形部分是呈現這種形狀的…
有什麼不同呢？
梯形
並非呈現梯形，而是如同蠟筆般形狀
這是追加了臀圍部分的周長尺寸的紙型啦！
腰圍的周長
褶子的數量
＝○
臀圍的周長
褶子的數量
＝▲
裙子長度
裙襬的周長
褶子的數量
＝●
臀圍部分的周長要追加尺寸比較好嗎？如果是梯形的話，不可以嗎？
如不追加尺寸的話，臀部附近的褶子有可能會被撐開。
如果是梯形，這個部分的寬度不夠
如果尺寸不足的話，褶子就會像這樣被撐開
原來是這樣啊～那麼，描繪版型的時候，蠟筆形會比梯形更好囉！
我也覺得蠟筆形比較好。
我這裏為大家示範用梯形製圖版型來製作的失敗例子…
梯形的這個部分尺寸與蠟筆形相差了這麼多
整體來說，與裸體的臀圍尺寸相較之下，短少了約1.3公分…
咦？褶子沒有被撐開，看起來沒有什麼問題呀？
原本打算製作成失敗範例，沒想到穿在娃娃身上還算可以接受。
Super Dollfie尺寸
對娃娃服來說，就算臀圍尺寸有點不夠，只要褶子數量多的話，就會平均分散開來，看起來就沒有什麼不妥了。
這真是意外的發現
如果是迷你裙或是裙襬向外張開的裙子款式，就算以梯形製圖也不要緊
如果是裙襬不怎麼向外張開的長裙款式的話，就請用蠟筆形製圖吧！

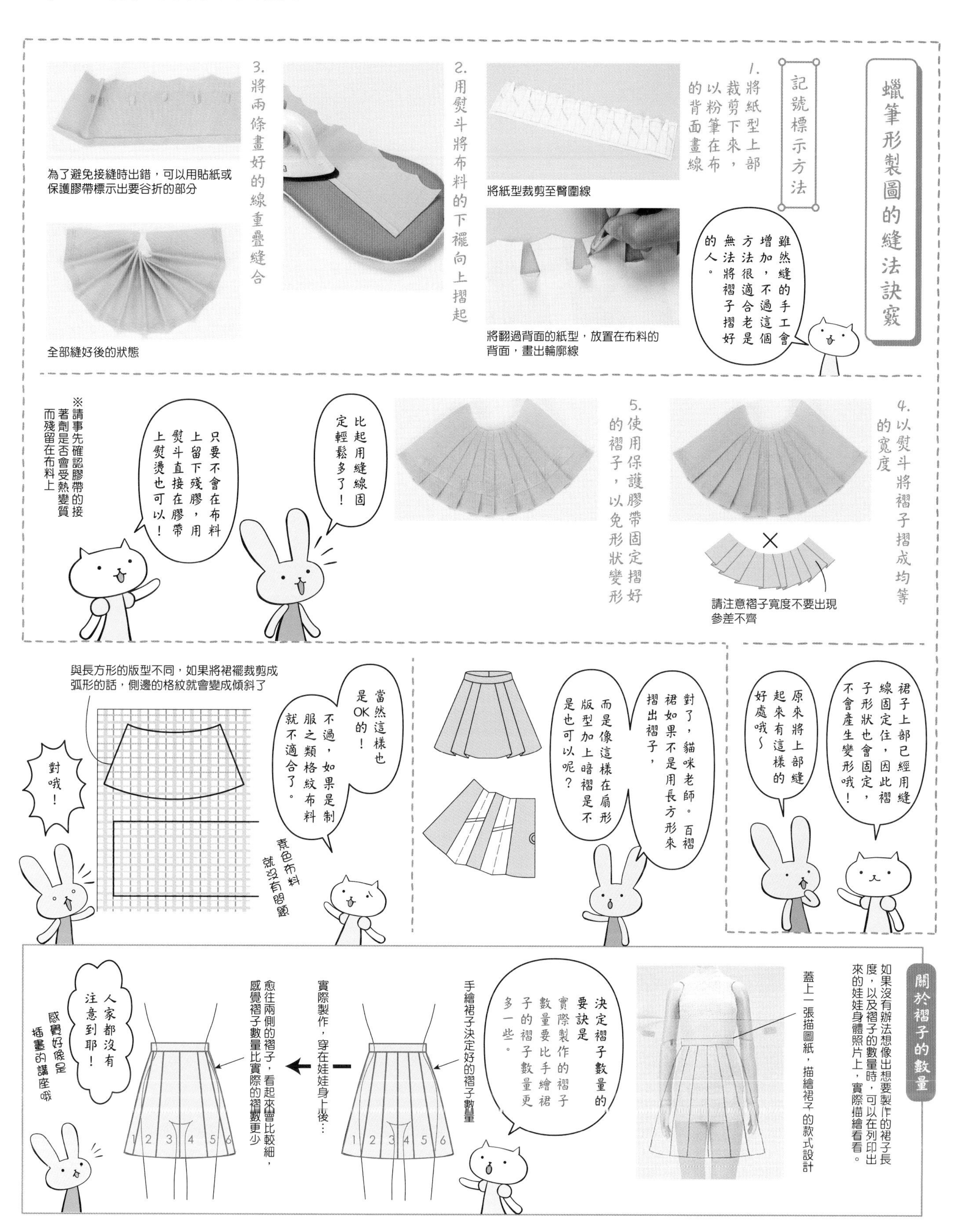
蠟筆形製圖的縫法訣竅
記號標示方法
1. 將紙型上部裁剪下來，以粉筆在布的背面畫線
雖然縫的手工會增加，不過這個方法很適合老是無法將褶子摺好的人。
將紙型裁剪至臀圍線
將翻過背面的紙型，放置在布料的背面，畫出輪廓線
2. 用熨斗將布料的下襬向上摺起
3. 將兩條畫好的線重疊縫合
為了避免接縫時出錯，可以用貼紙或保護膠帶標示出要谷折的部分
全部縫好後的狀態
4. 以熨斗將褶子摺成均等的寬度
請注意褶子寬度不要出現參差不齊
5. 使用保護膠帶固定摺好的褶子，以免形狀變形
比起用縫線固定輕鬆多了！
只要不會在布料上留下殘膠，用熨斗直接在膠帶上熨燙也可以！
※請事先確認膠帶的接著劑是否會受熱變質而殘留在布料上
裙子上部已經用縫線固定住，因此褶子形狀也會固定，不會產生變形哦！
原來將上部縫起來有這樣的好處哦～
對了，貓咪老師。百褶裙如果不是用長方形來摺出褶子，
而是像這樣在扇形版型加上暗褶是不是也可以呢？
當然這樣也是OK的！
不過，如果是制服之類格紋布料就不適合了。
與長方形的版型不同，如果將裙襬裁剪成弧形的話，側邊的格紋就會變成傾斜了
對哦！
素色布料就沒有問題
關於褶子的數量
如果沒有辦法想像出想要製作的裙子長度，以及褶子的數量時，可以在列印出來的娃娃身體照片上，實際描繪看看。
蓋上一張描圖紙，描繪裙子的款式設計
決定褶子數量的要訣是實際製作的褶子數量要比手繪裙子的褶子數量更多一些。
手繪裙子決定好的褶子數量
1 2 3 4 5 6
實際製作，穿在娃娃身上後…
愈往兩側的褶子，看起來會比較細，感覺褶子數量比實際的褶數更少
1 2 3 4 5 6
人家都沒有注意到耶！
感覺好像是插畫的講座哦

實際拿布料來試作看看也不錯哦！
也請順便練習如何確認開口部分的重疊部位，以及追加縫份的方法。
以下是幾種不同百褶裙款式的版型製圖範例。
請將這些範例放大影印後，練習怎麼摺出褶子吧！
單向褶百褶裙
褶子的方向
1
2
3
4
5
6
7
8
9
10
11
12
箱型褶百褶裙
1
2
3
4
5

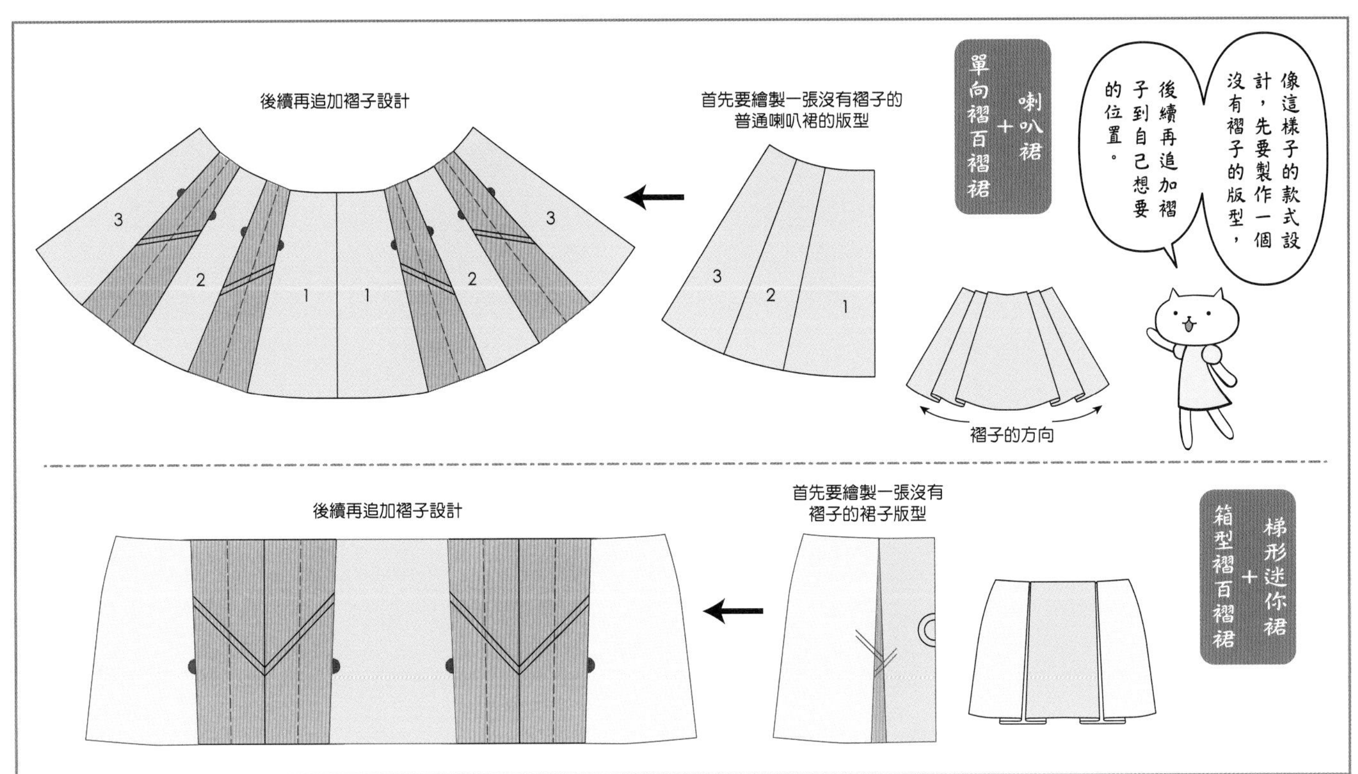
喇叭裙+單向褶百褶裙
像這樣子的款式設計，先要製作一個沒有褶子的版型，
後續再追加褶子到自己想要的位置。
後續再追加褶子設計
首先要繪製一張沒有褶子的普通喇叭裙的版型
3
2
1
1
2
3
3
2
1
褶子的方向
梯形迷你裙+箱型褶百褶裙
後續再追加褶子設計
首先要繪製一張沒有褶子的裙子版型

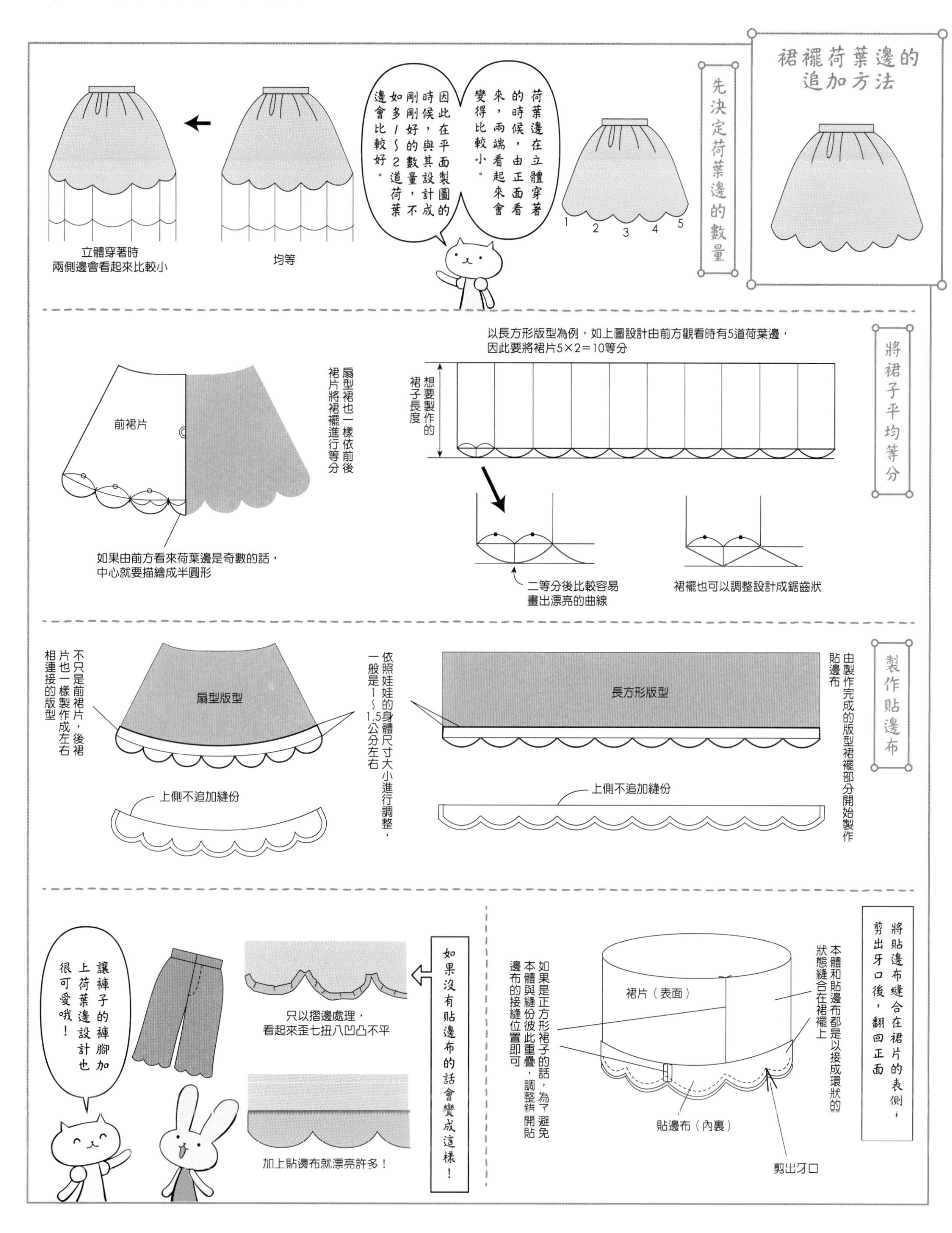

裙襬荷葉邊的追加方法
先決定荷葉邊的數量
荷葉邊在立體穿著的時候，由正面看來，兩端看起來會變得比較小。
因此在平面製圖的時候，與其設計成剛剛好的數量，不如多1～2道荷葉邊會比較好。
1 2 3 4 5
立體穿著時
兩側邊會看起來比較小
均等
將裙子平均等分
以長方形版型為例，如上圖設計由前方觀看時有5道荷葉邊，
因此要將裙片5×2＝10等分
想要製作的裙子長度
扇型裙也一樣依前後裙片將裙襬進行等分
前裙片
如果由前方看來荷葉邊是奇數的話，
中心就要描繪成半圓形
二等分後比較容易
畫出漂亮的曲線
裙襬也可以調整設計成鋸齒狀
製作貼邊布
由製作完成的版型裙襬部分開始製作貼邊布
長方形版型
上側不追加縫份
依照娃娃的身體尺寸大小進行調整，一般是1～1.5公分左右
扇型版型
不只是前裙片，後裙片也一樣製作成左右相連接的版型
上側不追加縫份
將貼邊布縫合在裙片的表側，剪出牙口後，翻回正面
本體和貼邊布都是以接成環狀的狀態縫合在裙襬上
如果是正方形裙子的話，為了避免本體與縫份彼此重疊，調整錯開貼邊布的接縫位置即可
裙片（表面）
貼邊布（內裏）
剪出牙口
如果沒有貼邊布的話會變成這樣！
只以摺邊處理，
看起來歪七扭八凹凸不平
加上貼邊布就漂亮許多！
讓褲子的褲腳加上荷葉邊設計也很可愛哦！

Chapter 5.

製作褲子的原型

— PANTS I —

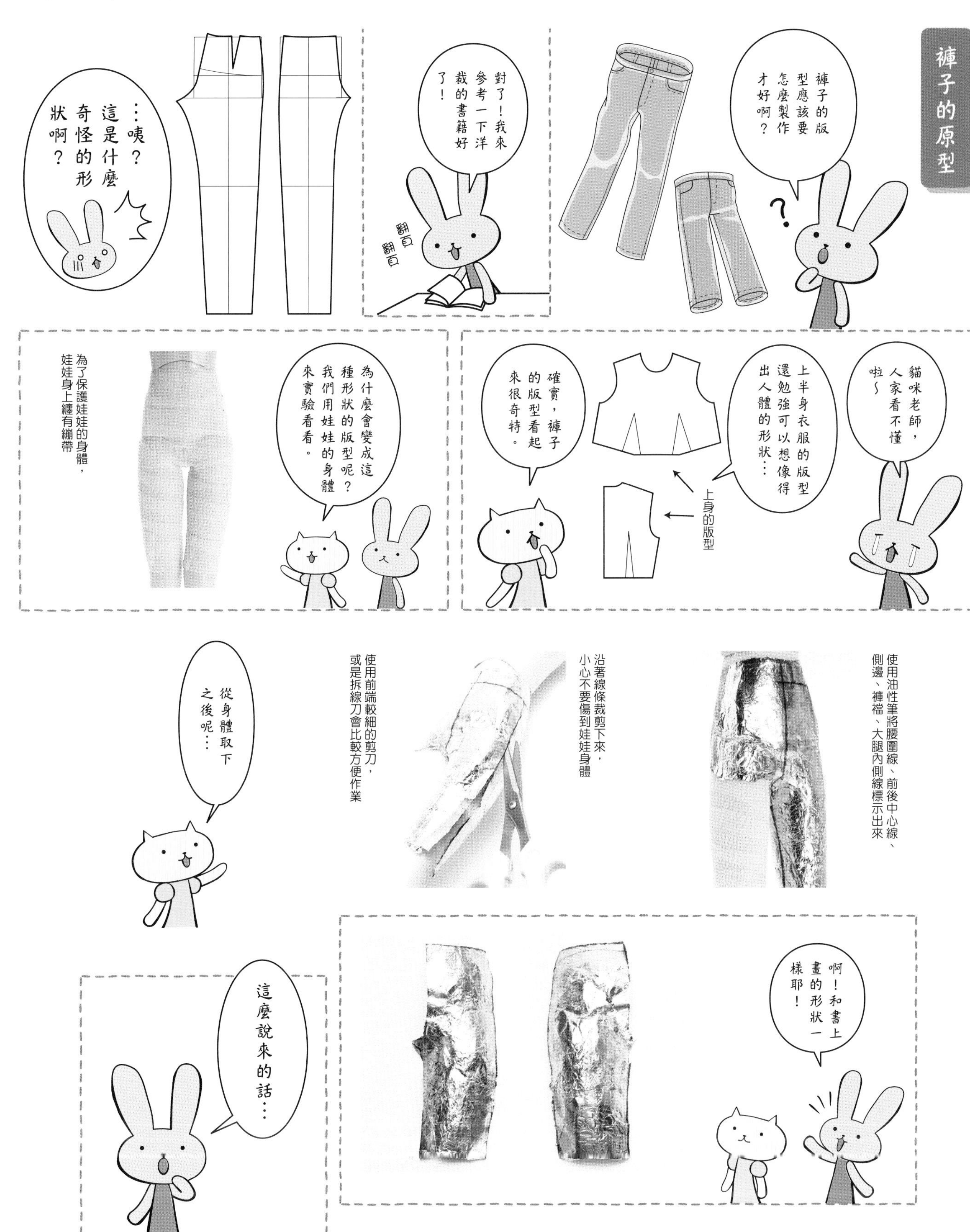
褲子的原型
褲子的版型應該要怎麼製作才好啊？
對了！我來參考一下洋裁的書籍好了！
翻頁翻頁
…咦？這是什麼奇怪的形狀啊？
貓咪老師，人家看不懂啦～
上半身衣服的版型還勉強可以想像得出人體的形狀…
上身的版型
確實，褲子的版型看起來很奇特。
為什麼會變成這種形狀的版型呢？我們用娃娃的身體來實驗看看。
為了保護娃娃的身體，娃娃身上纏有繃帶
使用油性筆將腰圍線、前後中心線、側邊、褲檔、大腿內側線標示出來
沿著線條裁剪下來，小心不要傷到娃娃身體
使用前端較細的剪刀，或是拆線刀會比較方便作業
從身體取下之後呢…
啊！和書上畫的形狀一樣耶！
這麼說來的話…

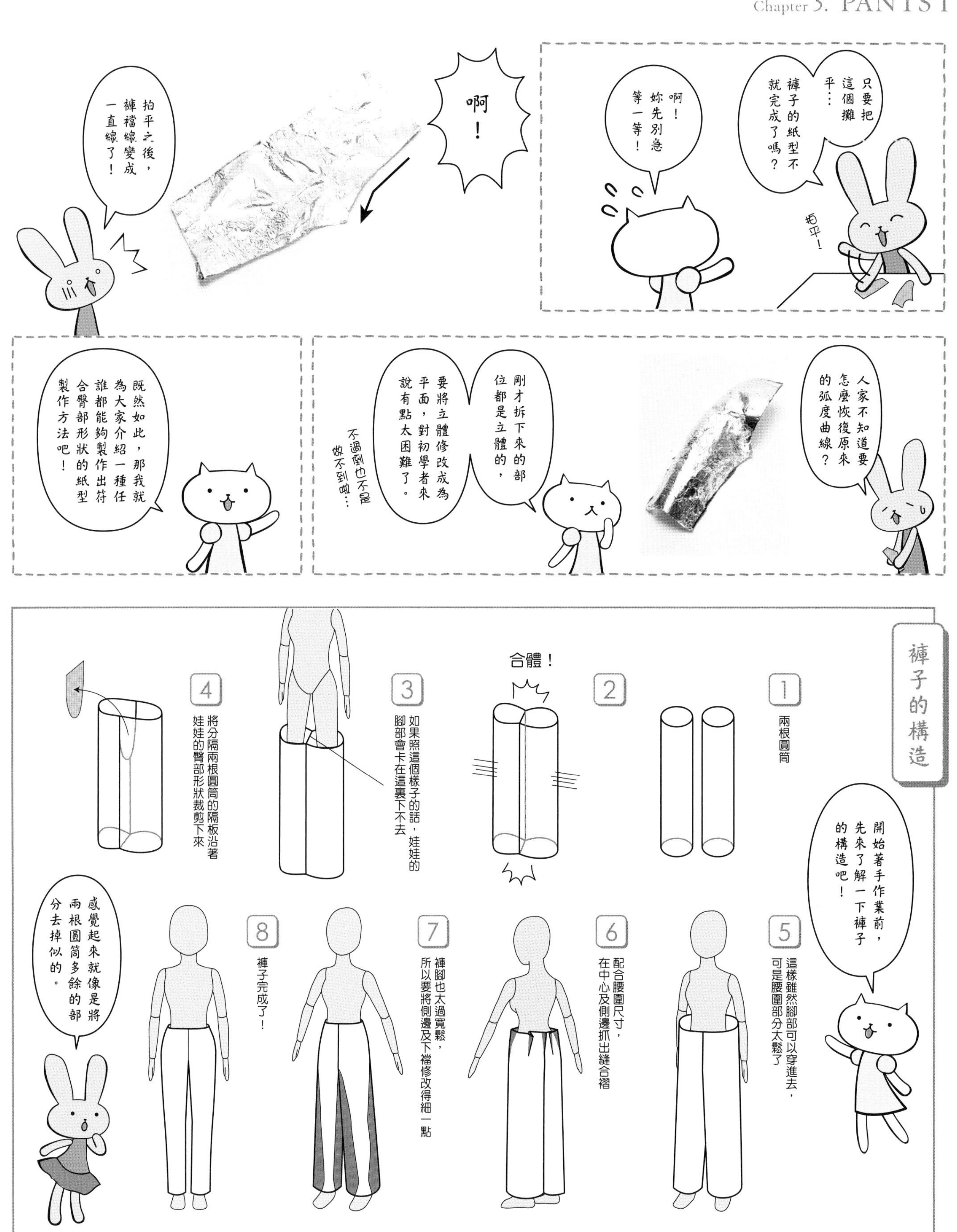

只要把這個攤平…褲子的紙型不就完成了嗎？
拍平！
啊！妳先別急等一等！
啊！
拍平之後，褲襠線變成一直線了！
人家不知道要怎麼恢復原來的弧度曲線？
剛才拆下來的部位都是立體的，
要將立體修改成為平面，對初學者來說有點太困難了。
不過倒也不是做不到啦…
既然如此，那我就為大家介紹一種任誰都能夠製作出符合臀部形狀的紙型製作方法吧！
褲子的構造
開始著手作業前，先來了解一下褲子的構造吧！
1 兩根圓筒
2
合體！
3 如果照這個樣子的話，娃娃的腳部會卡在這裏下不去
4 將分隔兩根圓筒的隔板沿著娃娃的臀部形狀裁剪下來
5 這樣雖然腳部可以穿進去，可是腰圍部分太鬆了
6 配合腰圍尺寸，在中心及側邊抓出縫合褶
7 褲腳也太過寬鬆，所以要將側邊及下襠修改得細一點
8 褲子完成了！
感覺起來就像是將兩根圓筒多餘的部分去掉似的。

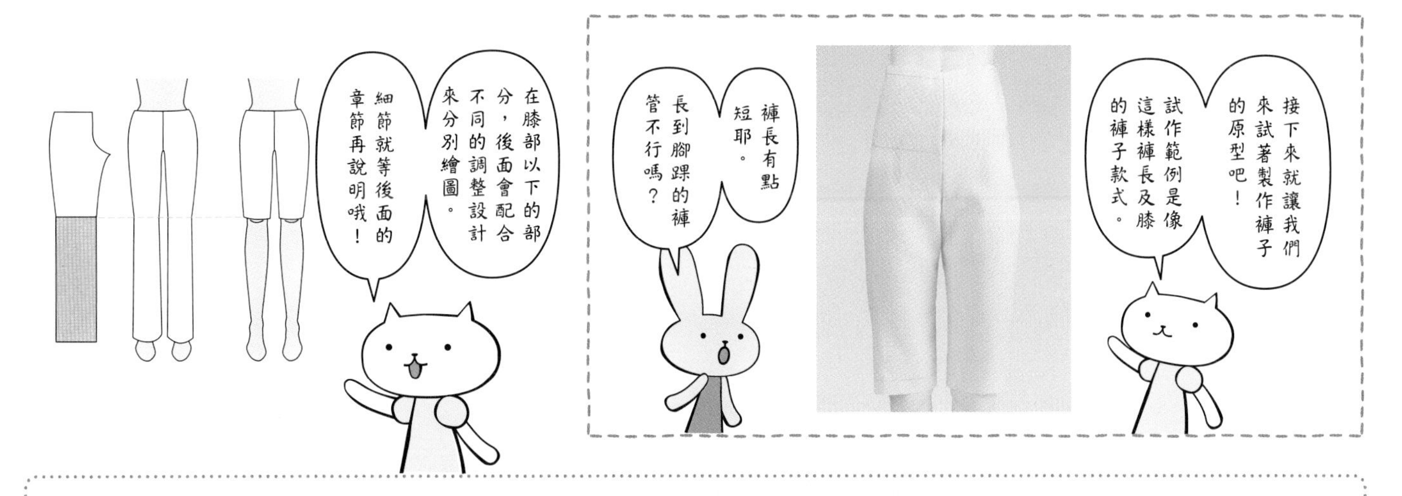

製作原型所使用的道具

繃帶

選擇有伸縮性、
或著是有黏著性的繃帶。

標線膠帶

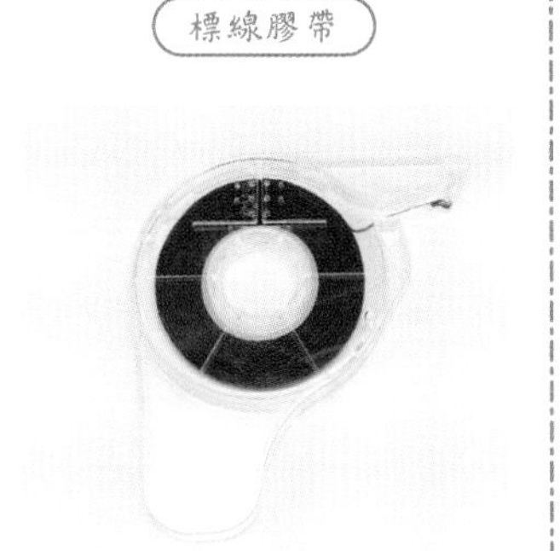

寬度0.15cm~0.2cm左右的比較方便使用。價格均一店的產品就可以了。

鋁線

直徑0.1cm~0.2cm左右的鋁線。
鐵線或網絲因為具有彈性不方便使用，NG！

布

這是用來假縫，而不是正式縫製用的布料。淺色無花紋的布料較佳。

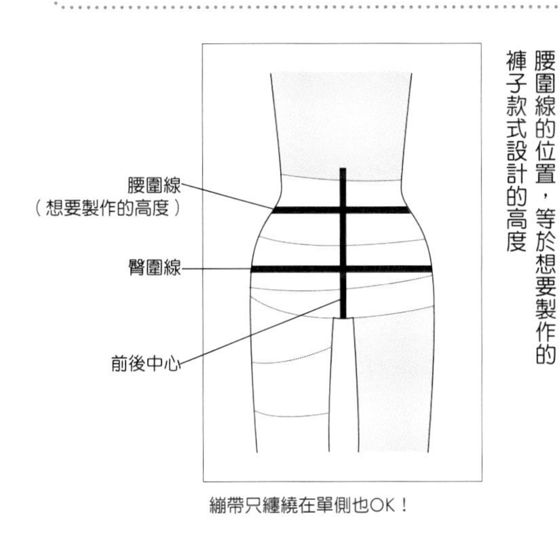

繃帶只纏繞在單側也OK！

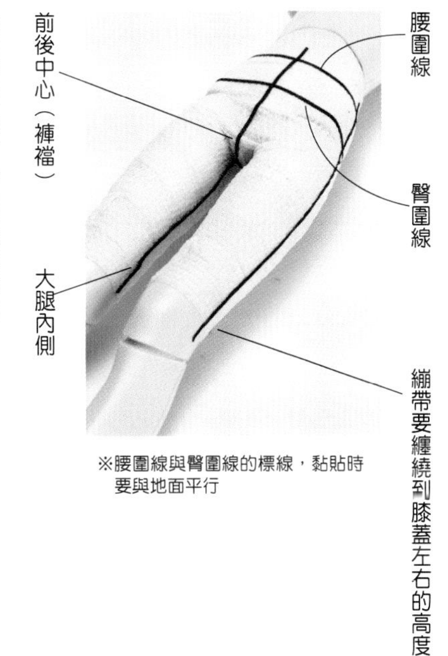

※腰圍線與臀圍線的標線，黏貼時要與地面平行

使用繃帶將腰部及腳部纏起來，一方面保護娃娃本體，同時也當作保留鬆份，然後貼上標線膠帶。

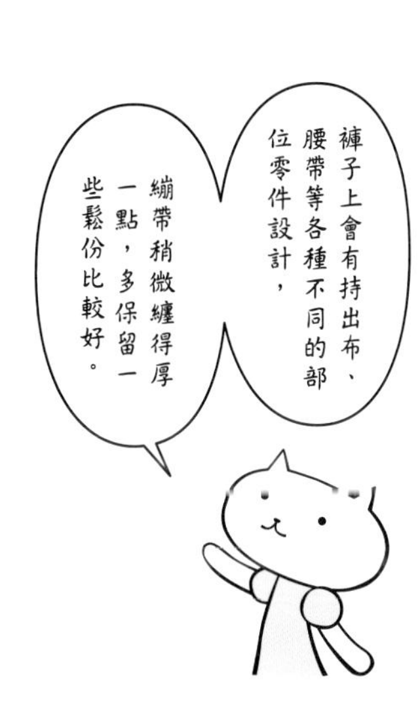

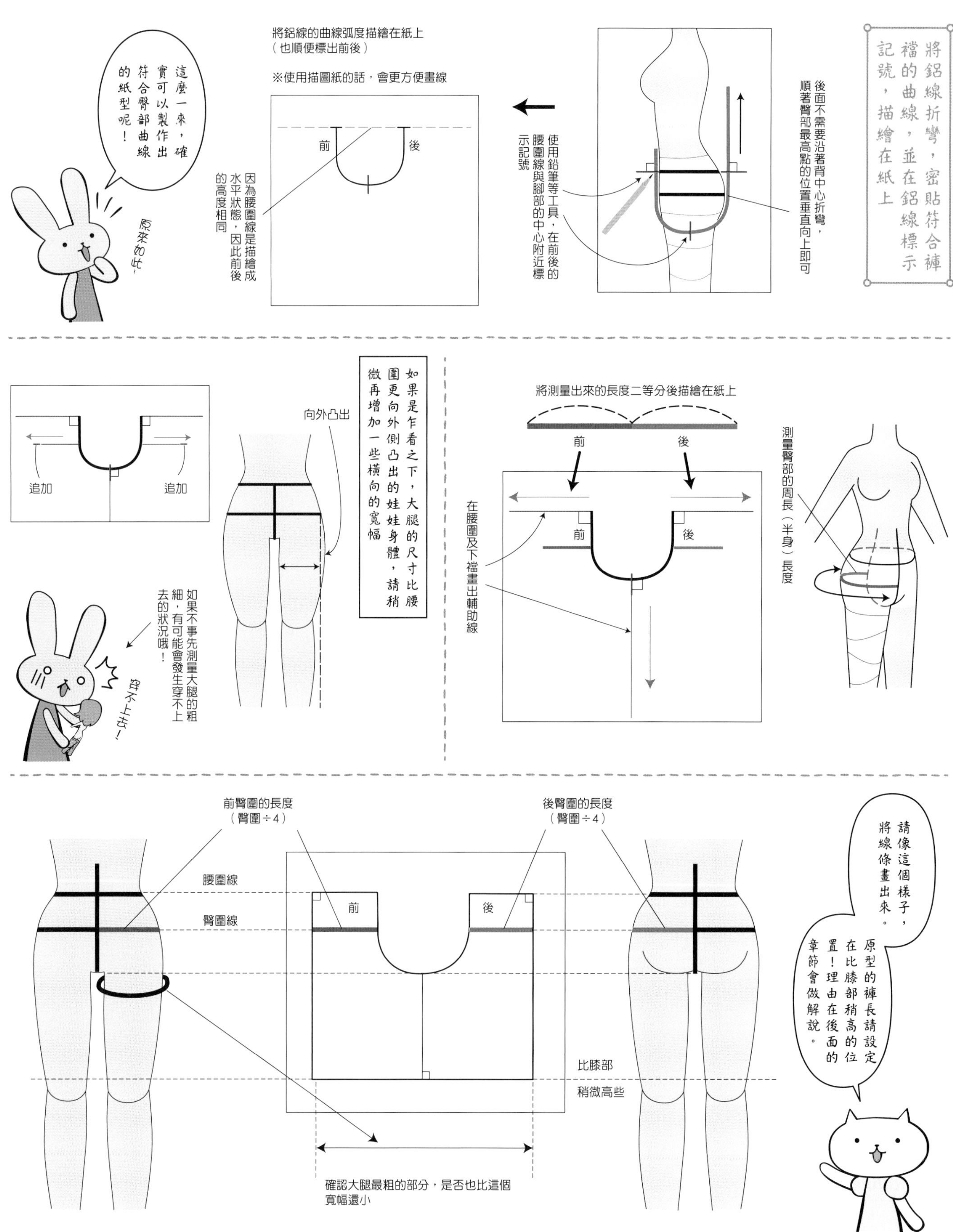

將鋁線折彎，密貼符合褲襠的曲線，並在鋁線標示記號，描繪在紙上
後面不需要沿著背中心折彎，順著臀部最高點的位置垂直向上即可
使用鉛筆等工具，在前後的腰圍線與腳部的中心附近標示記號
將鋁線的曲線弧度描繪在紙上（也順便標出前後）
※使用描圖紙的話，會更方便畫線
前
後
因為腰圍線是描繪成水平狀態，因此前後的高度相同
這麼一來，確實可以製作出符合臀部曲線的紙型呢！
原來如此~
追加
追加
向外凸出
如果是乍看之下，大腿的尺寸比腰圍更向外側凸出的娃娃身體，請稍微再增加一些橫向的寬幅
如果不事先測量大腿的粗細，有可能會發生穿不上去的狀況哦！
穿不上去！
將測量出來的長度二等分後描繪在紙上
前
後
在腰圍及下襠畫出輔助線
前
後
測量臀部的周長（半身）長度
前臀圍的長度（臀圍÷4）
後臀圍的長度（臀圍÷4）
腰圍線
臀圍線
前
後
比膝部
稍微高些
確認大腿最粗的部分，是否也比這個寬幅還小
請像這個樣子，將線條畫出來。
原型的褲長請設定在比膝部稍高的位置！理由在後面的章節會做解說。

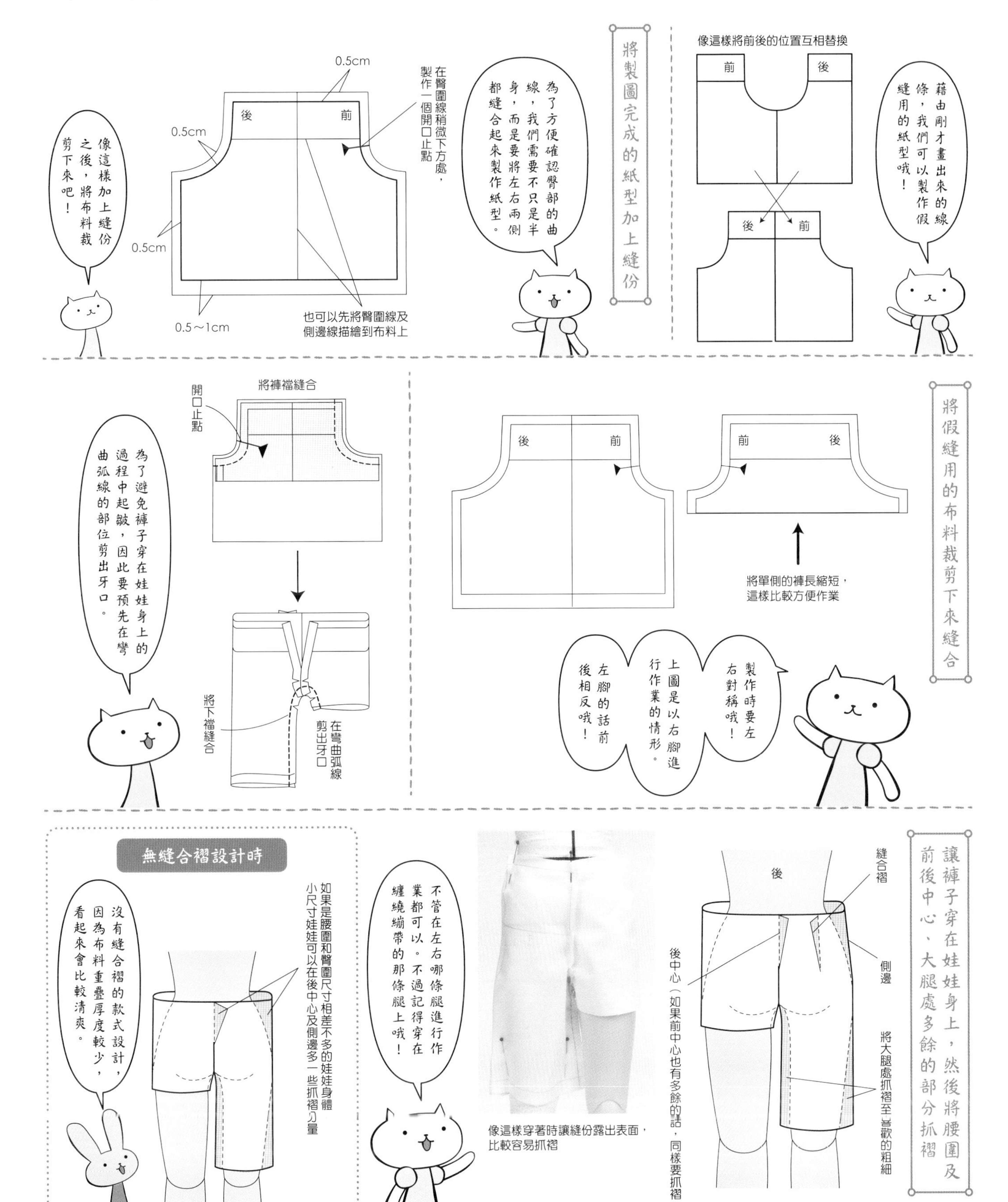

將製圖完成的紙型加上縫份
為了方便確認臀部的曲線，我們需要不只是半身，而是要將左右兩側都縫合起來製作紙型。
在臀圍線稍微下方處，製作一個開口止點
0.5cm
後
前
0.5cm
0.5cm
0.5～1cm
也可以先將臀圍線及側邊線描繪到布料上
像這樣加上縫份之後，將布料裁剪下來吧！
像這樣將前後的位置互相替換
前
後
後
前
藉由剛才畫出來的線條，我們可以製作假縫用的紙型哦！
將假縫用的布料裁剪下來縫合
後
前
前
後
將單側的褲長縮短，這樣比較方便作業
製作時要左右對稱哦！
上圖是以右腳進行作業的情形。
左腳的話前後相反哦！
將褲襠縫合
開口止點
將下襠縫合
在彎曲弧線剪出牙口
為了避免褲子穿在娃娃身上的過程中起皺，因此要預先在彎曲弧線的部位剪出牙口。
讓褲子穿在娃娃身上，然後將腰圍及前後中心、大腿處多餘的部分抓褶
後
縫合褶
側邊
後中心（如果前中心也有多餘的話，同樣要抓褶）
將大腿處抓褶至喜歡的粗細
不管在左右哪條腿進行作業都可以。不過記得穿在纏繞繃帶的那條腿上哦！
像這樣穿著時讓縫份露出表面，比較容易抓褶
無縫合褶設計時
如果是腰圍和臀圍尺寸相差不多的小尺寸娃娃可以在後中心及側邊多一些抓褶分量
沒有縫合褶的款式設計，因為布料重疊厚度較少，看起來會比較清爽。

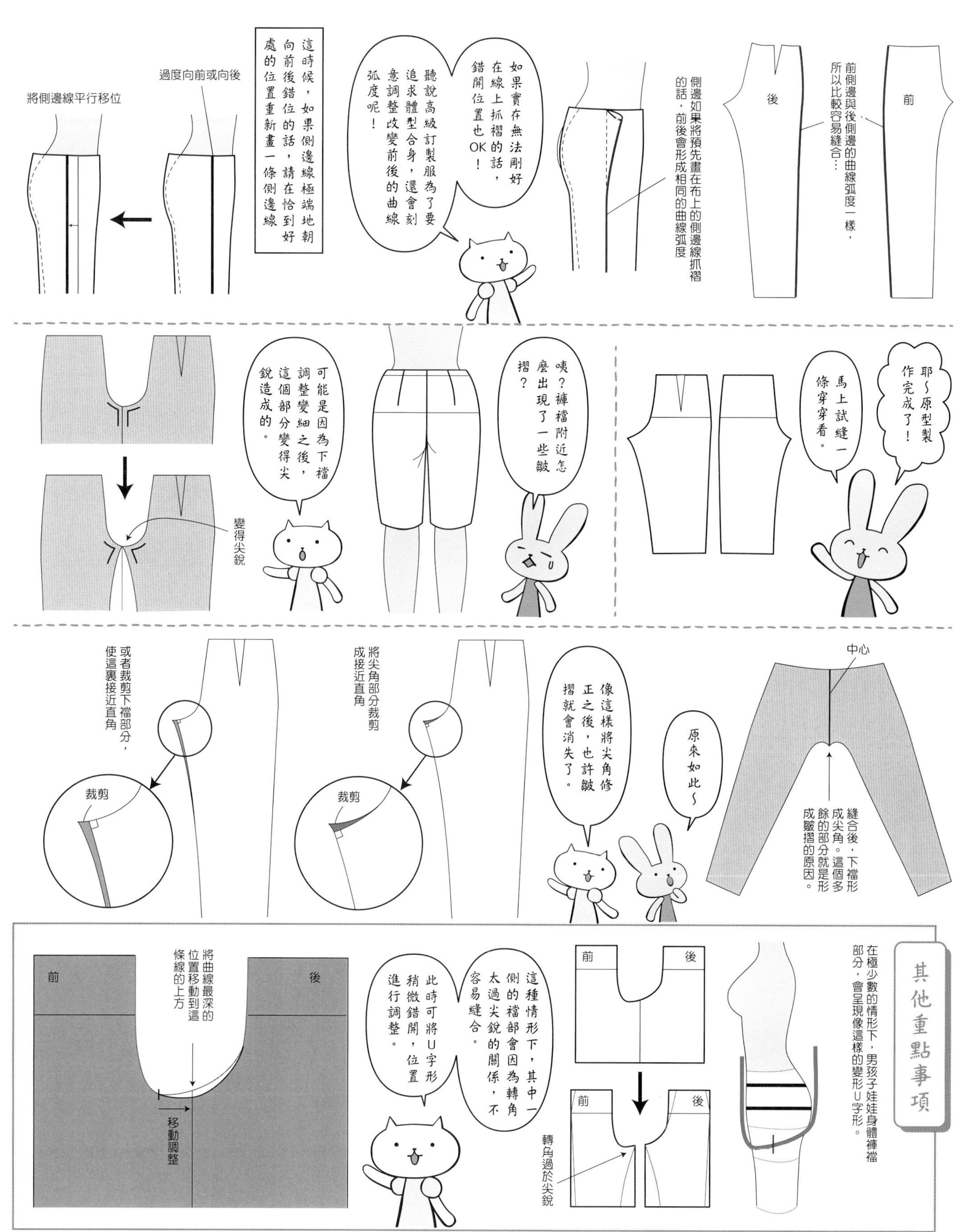
前
後
前側邊與後側邊的曲線弧度一樣，所以比較容易縫合…
側邊如果將預先畫在布上的側邊線抓褶的話，前後會形成相同的曲線弧度
如果實在無法剛好在線上抓褶的話，錯開位置也OK！
聽說高級訂製服為了要追求體型合身，還會刻意調整改變前後的曲線弧度呢！
這時候，如果側邊線極端地朝向前後錯位的話，請在恰到好處的位置重新畫一條側邊線
過度向前或向後
將側邊線平行移位
耶～原型製作完成了！
馬上試縫一條穿穿看。
咦？褲襠附近怎麼出現了一些皺褶？
可能是因為下襠調整變細之後，這個部分變得尖銳造成的。
變得尖銳
中心
縫合後，下襠形成尖角。這個多餘的部分就是形成皺褶的原因。
原來如此～
像這樣將尖角修正之後，也許皺褶就會消失了。
將尖角部分裁剪成接近直角
裁剪
或者裁剪下襠部分，使這裏接近直角
裁剪
其他重點事項
在極少數的情形下，男孩子娃娃身體褲襠部分，會呈現像這樣的變形U字形。
前
後
前
後
轉角過於尖銳
這種情形下，其中一側的襠部會因為轉角太過尖銳的關係，不容易縫合。
此時可將U字形稍微錯開，位置進行調整。
前
後
將曲線最深的位置移動到這條線的上方
移動調整

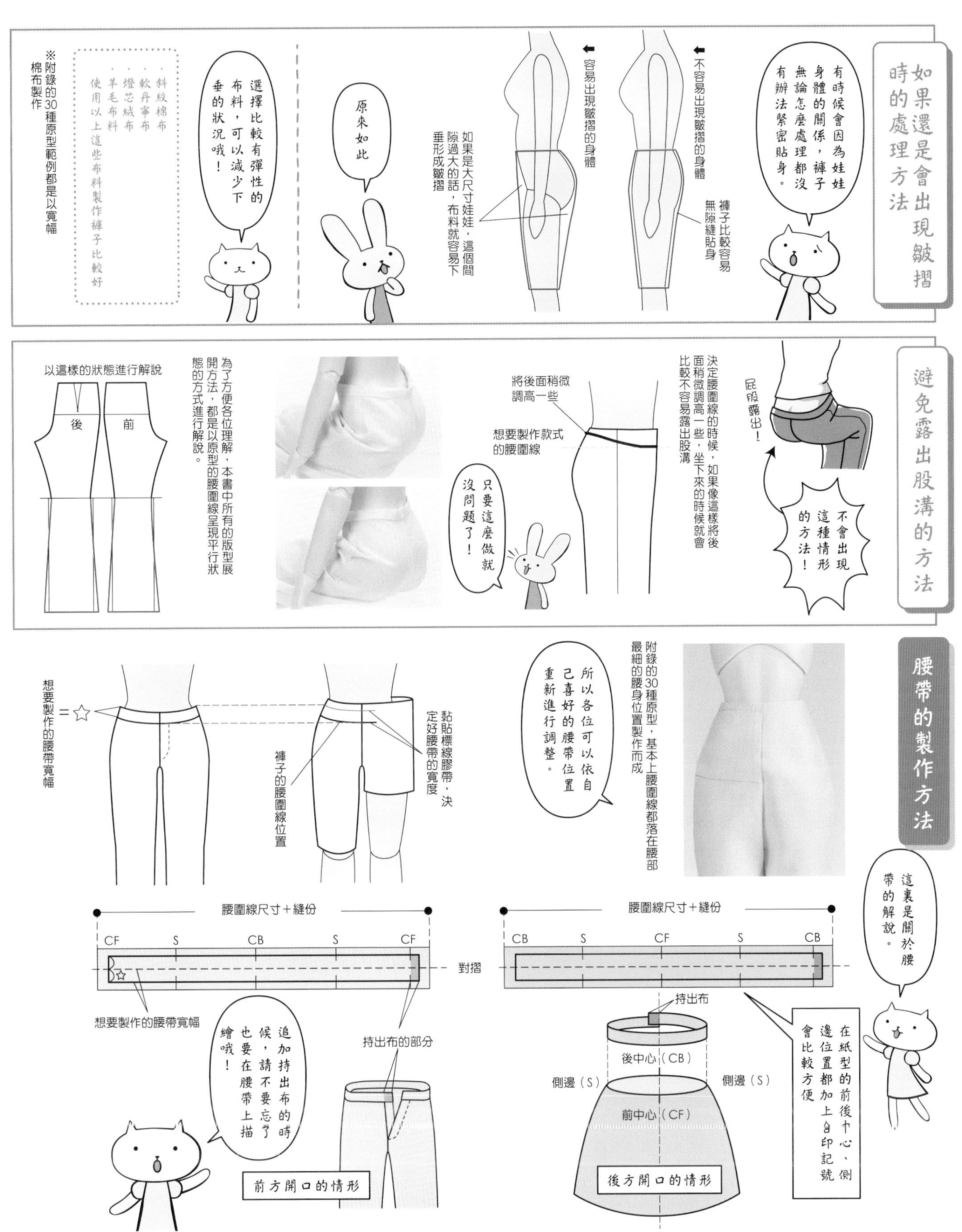
如果還是會出現皺摺時的處理方法
有時候會因為娃娃身體的關係，褲子無論怎麼處理都沒有辦法緊密貼身。
褲子比較容易無隙縫貼身
不容易出現皺摺的身體
容易出現皺摺的身體
如果是大尺寸娃娃，這個間隙過大的話，布料就容易下垂形成皺摺
原來如此
選擇比較有彈性的布料，可以減少下垂的狀況哦！
・斜紋棉布
・軟丹寧布
・燈芯絨布
・羊毛布料
使用以上這些布料製作褲子比較好
※附錄的30種原型範例都是以寬幅棉布製作
避免露出股溝的方法
屁股露出！
不會出現這種情形的方法！
決定腰圍線的時候，如果像這樣將後面稍微調高一些，坐下來的時候就會比較不容易露出股溝
將後面稍微調高一些
想要製作款式的腰圍線
只要這麼做就沒問題了！
為了方便各位理解，本書中所有的版型展開方法，都是以原型的腰圍線呈現平行狀態的方式進行解說。
以這樣的狀態進行解說
後
前
腰帶的製作方法
附錄的30種原型，基本上腰圍線都落在腰部最細的腰身位置製作而成
所以各位可以依自己喜好的腰帶位置重新進行調整。
黏貼標線膠帶，決定好腰帶的寬度
褲子的腰圍線位置
想要製作的腰帶寬幅＝☆
這裏是關於腰帶的解說。
腰圍線尺寸＋縫份
CF S CB S CF
對摺
想要製作的腰帶寬幅
持出布的部分
追加持出布的時候，請不要忘了也要在腰帶上描繪哦！
前方開口的情形
腰圍線尺寸＋縫份
CB S CF S CB
持出布
後中心（CB）
側邊（S）
側邊（S）
前中心（CF）
後方開口的情形
在紙型的前後中心、側邊位置都加上自印記號會比較方便

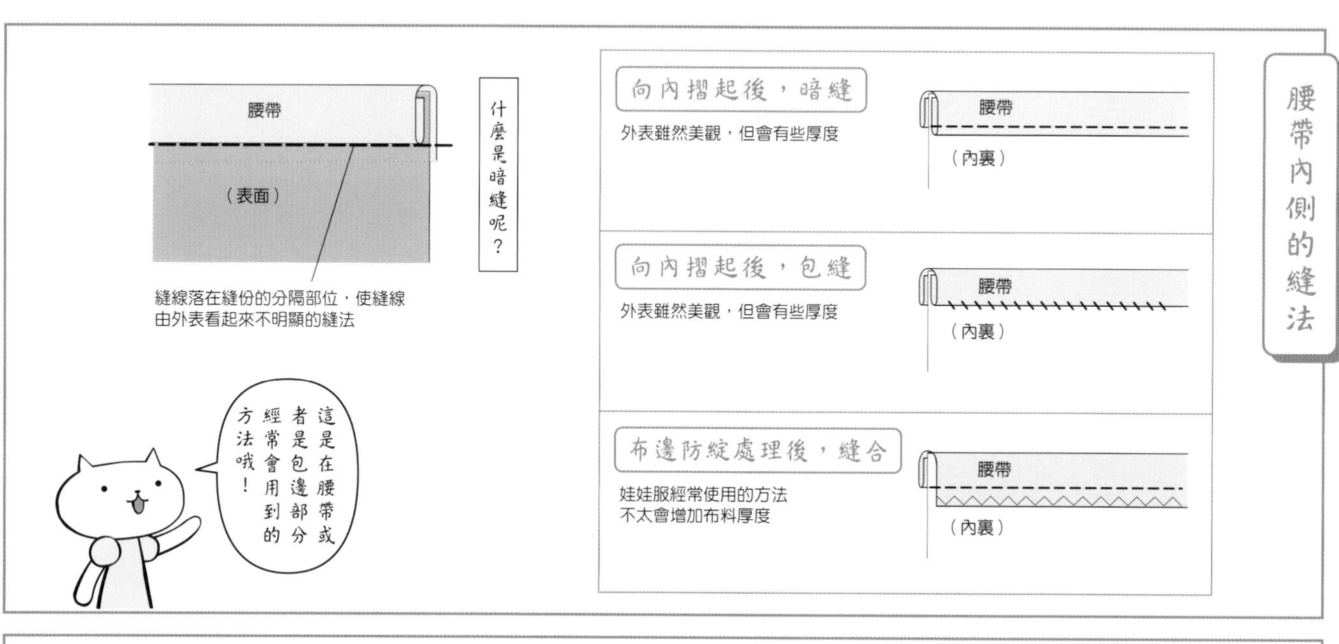

腰帶內側的縫法
什麼是暗縫呢？
腰帶
（表面）
縫線落在縫份的分隔部位，使縫線由外表看起來不明顯的縫法
這是在腰帶或者是包邊部分經常會用到的方法哦！
向內摺起後，暗縫
外表雖然美觀，但會有些厚度
腰帶
（內裏）
向內摺起後，包縫
外表雖然美觀，但會有些厚度
腰帶
（內裏）
布邊防綻處理後，縫合
娃娃服經常使用的方法
不太會增加布料厚度
腰帶
（內裏）

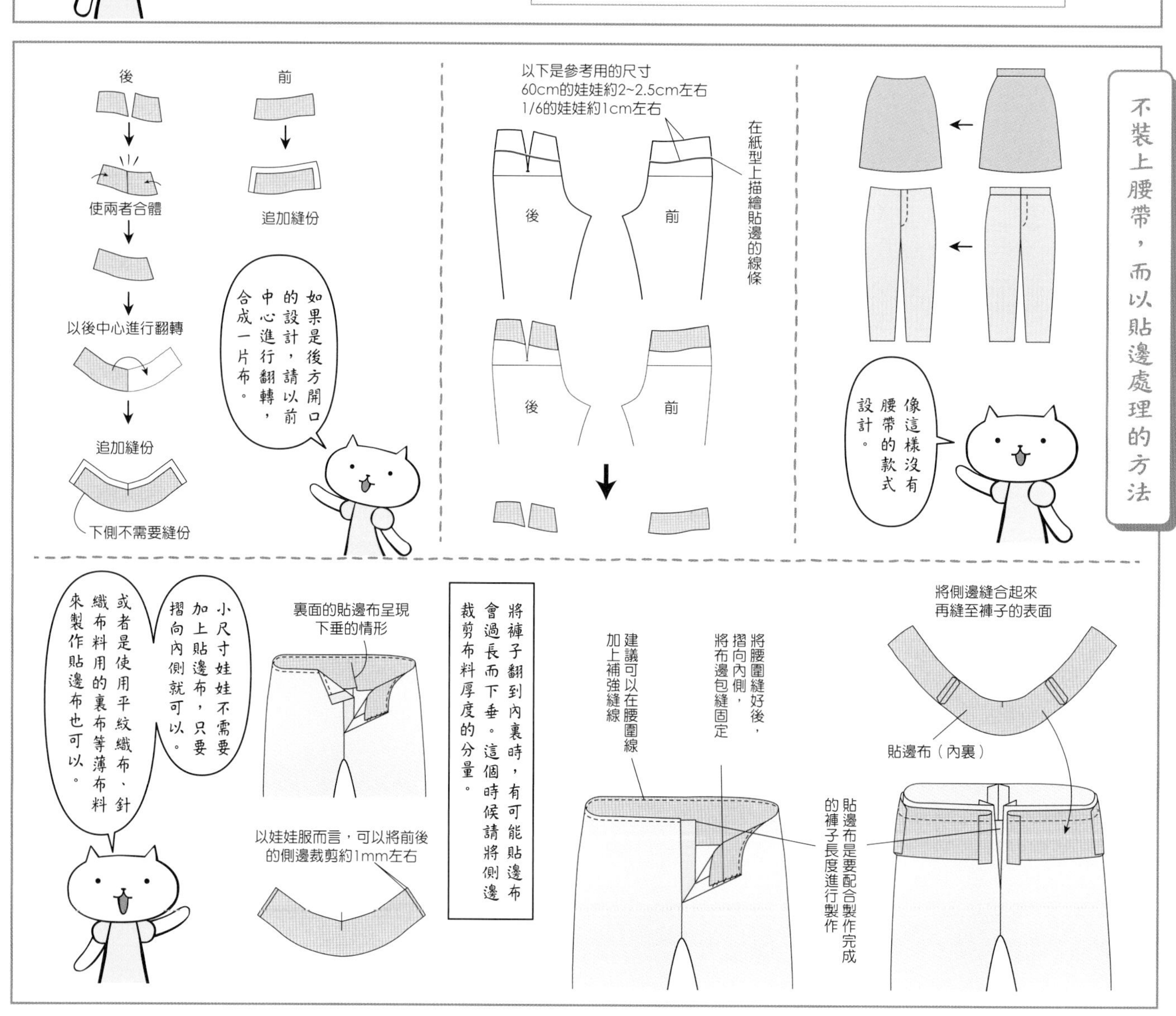

不裝上腰帶，而以貼邊處理的方法
後
前
使兩者合體
追加縫份
以後中心進行翻轉
追加縫份
下側不需要縫份
如果是後方開口的設計，請以前中心進行翻轉，合成一片布。
以下是參考用的尺寸
60cm的娃娃約2~2.5cm左右
1/6的娃娃約1cm左右
在紙型上描繪貼邊的線條
後
前
後
前
像這樣沒有腰帶的款式設計。
小尺寸娃娃不需要加上貼邊布，只要摺向內側就可以。
或者是使用平紋織布、針織布料用的裏布等薄布料來製作貼邊布也可以。
裏面的貼邊布呈現下垂的情形
以娃娃服而言，可以將前後的側邊裁剪約1mm左右
將褲子翻到內裏時，有可能貼邊布會過長而下垂。這個時候請將側邊裁剪布料厚度的分量。
將腰圍縫好後，摺向內側，將布邊包縫固定
建議可以在腰圍線加上補強縫線
將側邊縫合起來
再縫至褲子的表面
貼邊布（內裏）
貼邊布是要配合製作完成的褲子長度進行製作

Chapter 6.

膝下部分的調整設計

—— PANTS Ⅱ ——

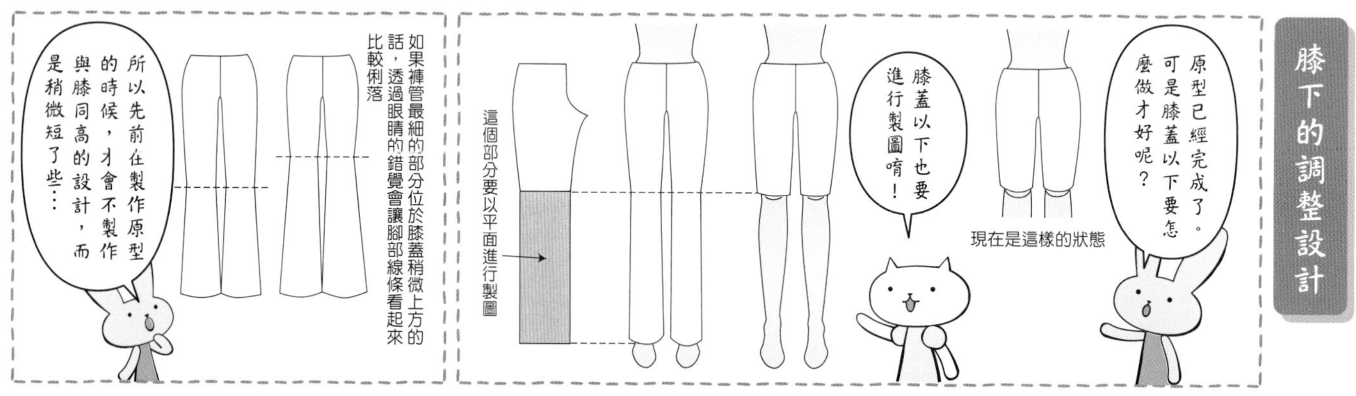
膝下的調整設計
原型已經完成了。可是膝蓋以下要怎麼做才好呢？
現在是這樣的狀態
膝蓋以下也要進行製圖唷！
這個部分要以平面進行製圖
如果褲管最細的部分位於膝蓋稍微上方的話，透過眼睛的錯覺會讓腳部線條看起來比較俐落
所以先前在製作原型的時候，才會不製作與膝同高的設計，而是稍微短了些…

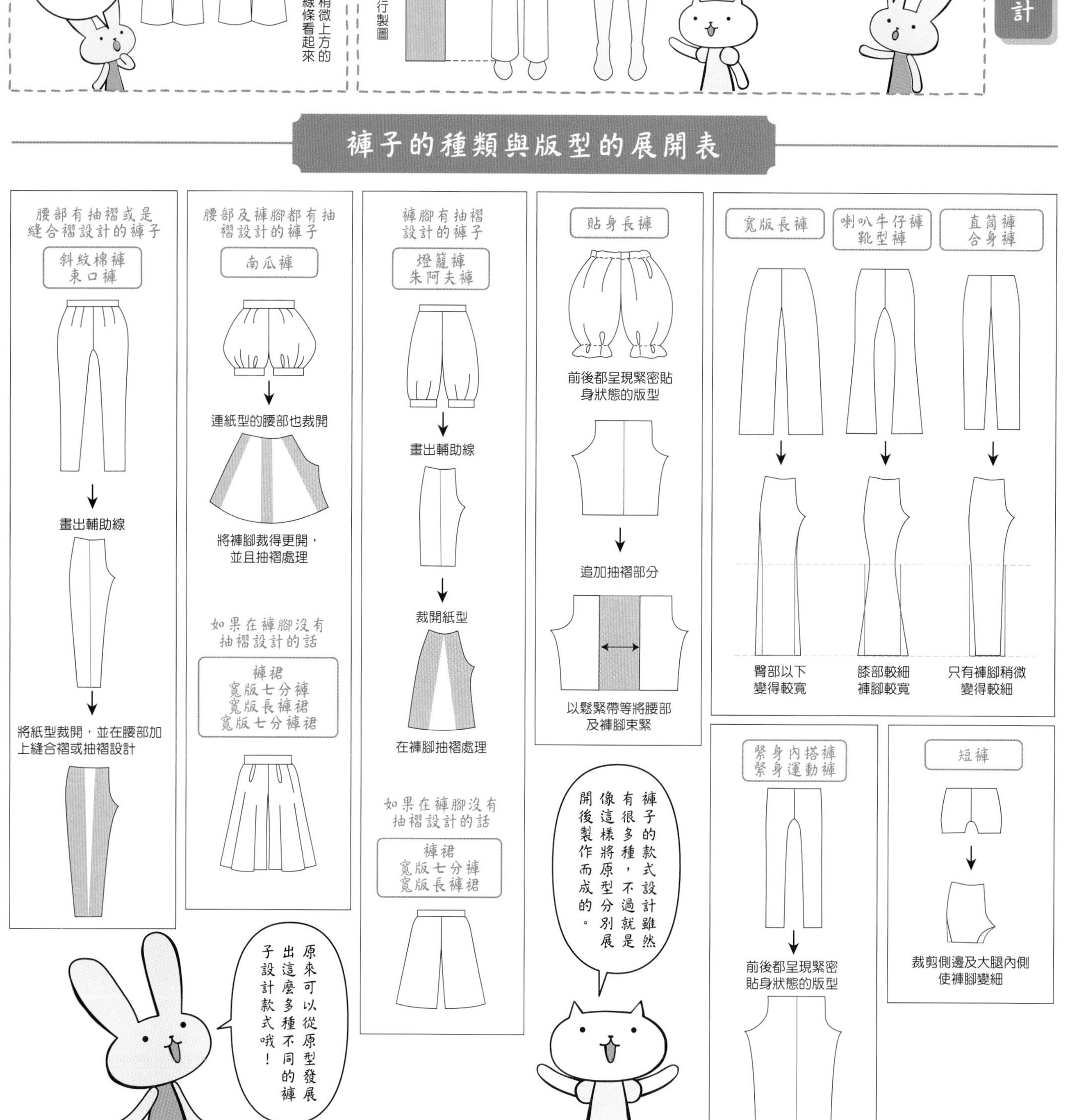
褲子的種類與版型的展開表
腰部有抽褶或是縫合褶設計的褲子
斜紋棉褲
束口褲
畫出輔助線
將紙型裁開，並在腰部加上縫合褶或抽褶設計
腰部及褲腳都有抽褶設計的褲子
南瓜褲
連紙型的腰部也裁開
將褲腳裁得更開，並且抽褶處理
如果在褲腳沒有抽褶設計的話
褲裙
寬版七分褲
寬版長褲裙
寬版七分褲裙
褲腳有抽褶設計的褲子
燈籠褲
朱阿夫褲
畫出輔助線
裁開紙型
在褲腳抽褶處理
如果在褲腳沒有抽褶設計的話
褲裙
寬版七分褲
寬版長褲裙
貼身長褲
前後都呈現緊密貼身狀態的版型
追加抽褶部分
以鬆緊帶等將腰部及褲腳束緊
寬版長褲
喇叭牛仔褲
靴型褲
直筒褲
合身褲
臀部以下變得較寬
膝部較細
褲腳較寬
只有褲腳稍微變得較細
緊身內搭褲
緊身運動褲
前後都呈現緊密貼身狀態的版型
短褲
裁剪側邊及大腿內側使褲腳變細
褲子的款式設計雖然有很多種，不過就是像這樣將原型分別展開後製作而成的。
原來可以從原型發展出這麼多種不同的褲子設計款式哦！

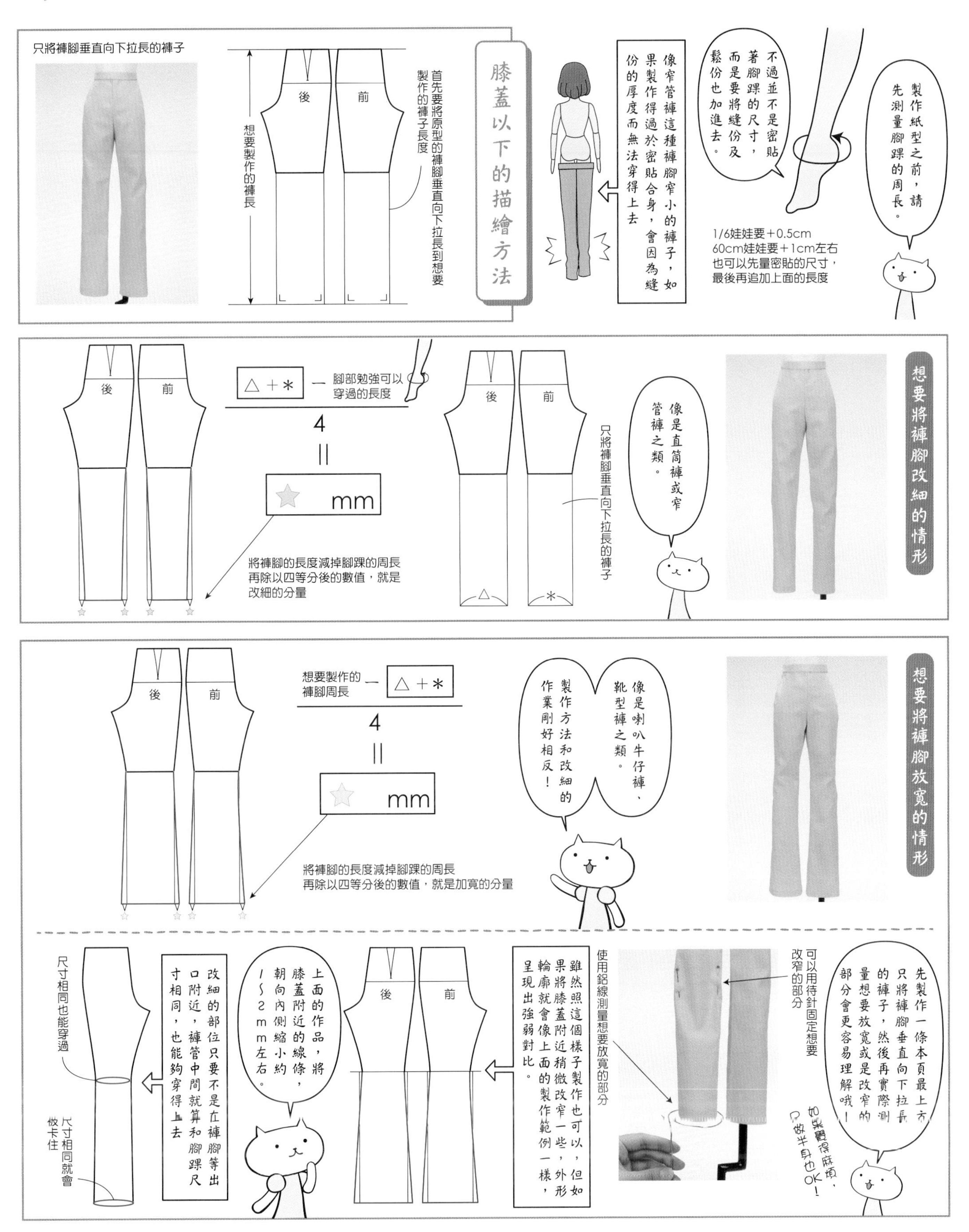
膝蓋以下的描繪方法
製作紙型之前，請先測量腳踝的周長。
不過並不是密貼著腳踝的尺寸，而是要將縫份及鬆份也加進去。
1/6娃娃要＋0.5cm
60cm娃娃要＋1cm左右
也可以先量密貼的尺寸，
最後再追加上面的長度
像窄管褲這種褲腳窄小的褲子，如果製作得過於密貼合身，會因為縫份的厚度而無法穿得上去
只將褲腳垂直向下拉長的褲子
首先要將原型的褲腳垂直向下拉長到想要製作的褲子長度
想要製作的褲長
後
前
想要將褲腳改細的情形
像是直筒褲或窄管褲之類。
只將褲腳垂直向下拉長的褲子
△＋＊ — 腳部勉強可以穿過的長度
4
||
☆ mm
將褲腳的長度減掉腳踝的周長
再除以四等分後的數值，就是
改細的分量
想要將褲腳放寬的情形
像是喇叭牛仔褲、靴型褲之類。
製作方法和改細的作業剛好相反！
想要製作的褲腳周長 — △＋＊
4
||
☆ mm
將褲腳的長度減掉腳踝的周長
再除以四等分後的數值，就是加寬的分量
先製作一條本頁最上方只將褲腳垂直向下拉長的褲子，然後再實際測量想要放寬或是改窄的部分會更容易理解哦！
如果覺得麻煩，只做半身也OK！
可以用待針固定想要改窄的部分
使用鋁線測量想要放寬的部分
雖然照這個樣子製作也可以，但如果將膝蓋附近稍微改窄一些，外形輪廓就會像上面的製作範例一樣，呈現出強弱對比。
上面的作品，將膝蓋附近的線條，朝向內側縮小約1～2mm左右。
改細的部位只要不是在褲腳口附近，褲管中間就算和腳踝尺寸相同，也能夠穿得上去
尺寸相同也能穿過
尺寸相同就會被卡住

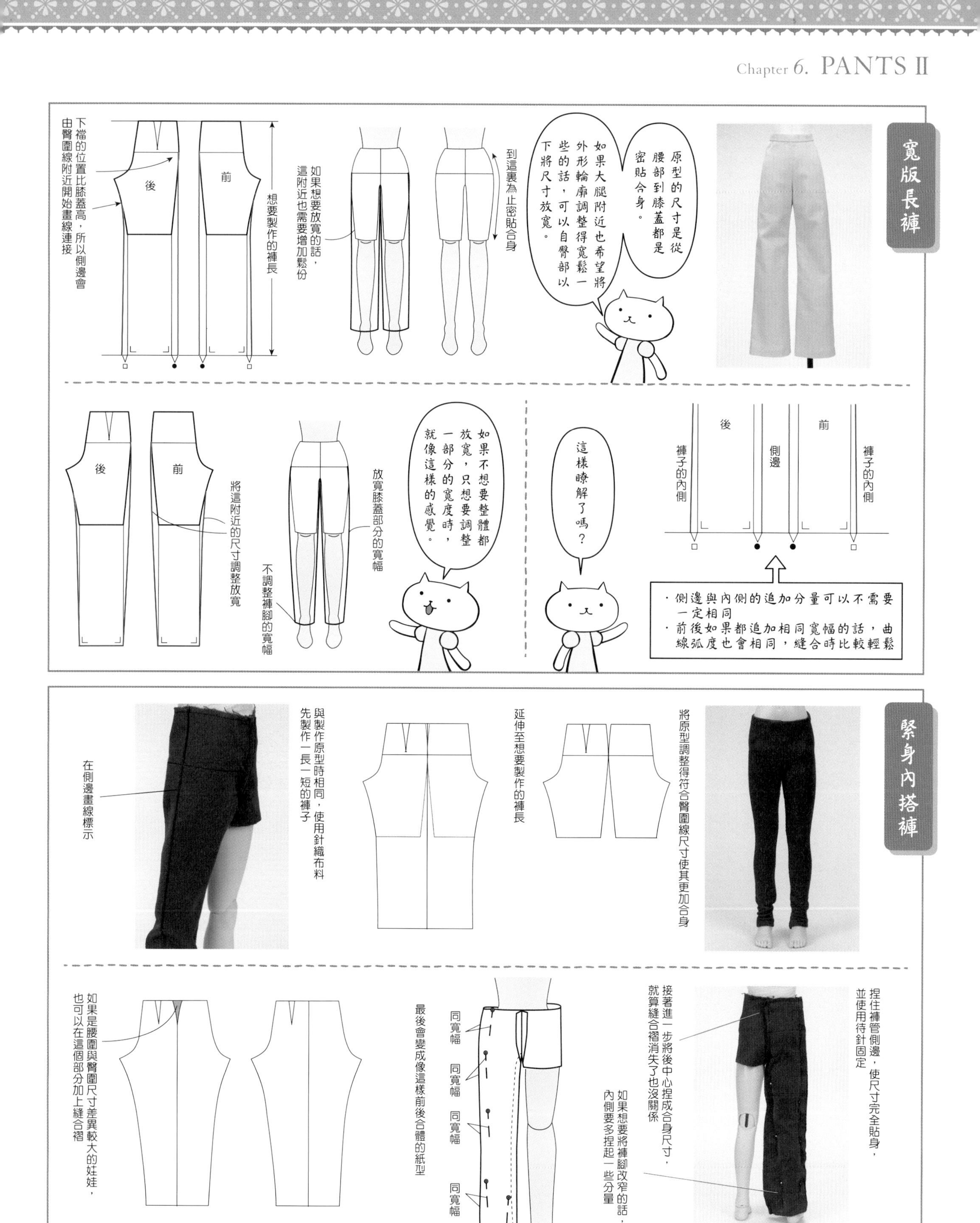
寬版長褲
原型的尺寸是從腰部到膝蓋都是密貼合身。
如果大腿附近也希望將外形輪廓調整得寬鬆一些的話，可以自臀部以下將尺寸放寬。
到這裏為止密貼合身
如果想要放寬的話，這附近也需要增加鬆份
想要製作的褲長
前
後
下襠的位置比膝蓋高，所以側邊會由臀圍線附近開始畫線連接
褲子的內側
前
側邊
後
褲子的內側
・側邊與內側的追加分量可以不需要一定相同
・前後如果都追加相同寬幅的話，曲線弧度也會相同，縫合時比較輕鬆
這樣瞭解了嗎？
如果不想要整體都放寬，只想要調整一部分的寬度時，就像這樣的感覺。
放寬膝蓋部分的寬幅
不調整褲腳的寬幅
將這附近的尺寸調整放寬
前
後
緊身內搭褲
將原型調整得符合臀圍線尺寸使其更加合身
延伸至想要製作的褲長
與製作原型時相同，使用針織布料先製作一長一短的褲子
在側邊畫線標示
捏住褲管側邊，使尺寸完全貼身，並使用待針固定
接著進一步將後中心捏成合身尺寸，就算縫合褶消失了也沒關係
如果想要將褲腳改窄的話，內側要多捏起一些分量
同寬幅
同寬幅
同寬幅
同寬幅
最後會變成像這樣前後合體的紙型
如果是腰圍與臀圍尺寸差異較大的娃娃，也可以在這個部分加上縫合褶

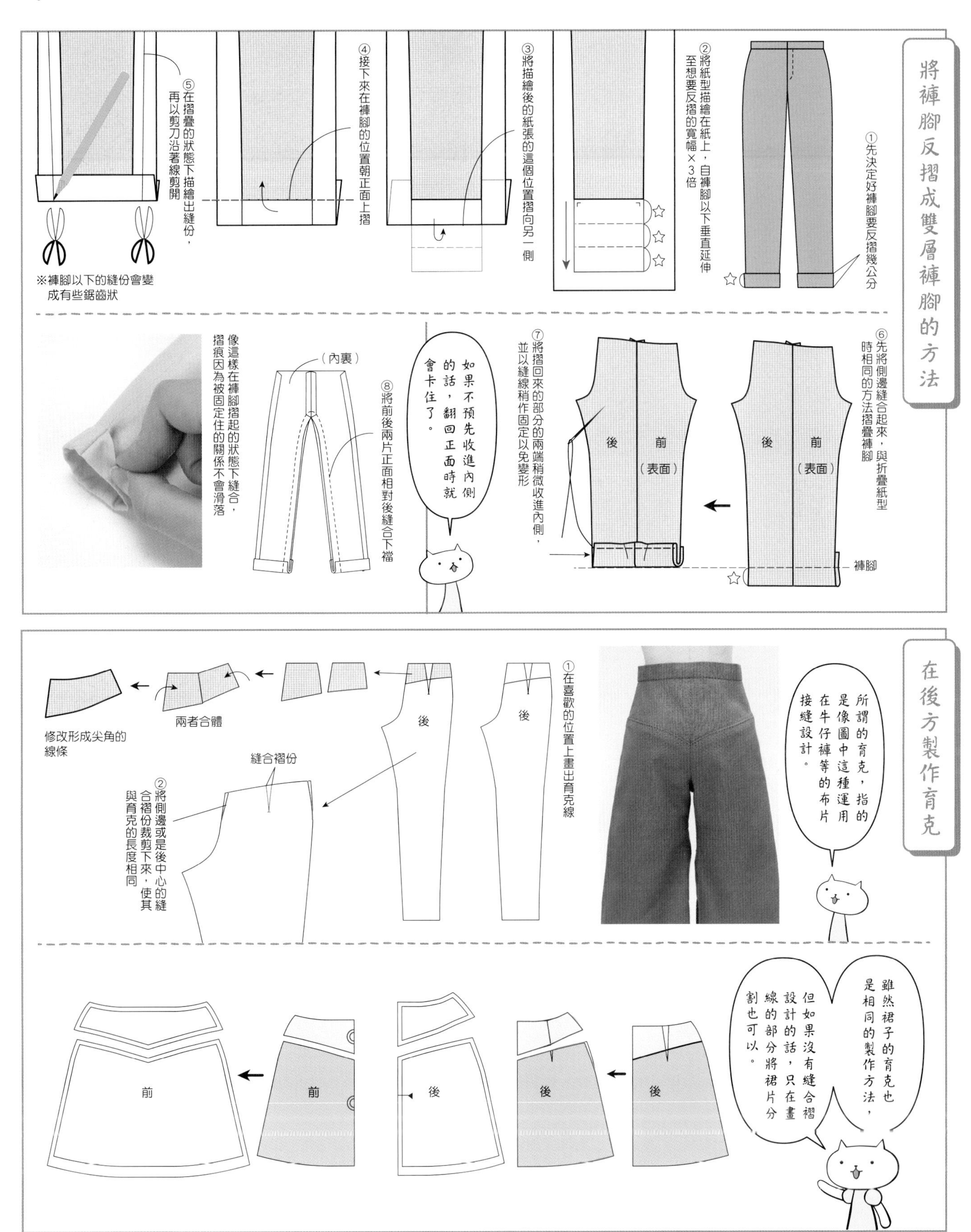

將褲腳反摺成雙層褲腳的方法
①先決定好褲腳要反摺幾公分
②將紙型描繪在紙上，自褲腳以下垂直延伸至想要反摺的寬幅×3倍
③將描繪後的紙張的這個位置摺向另一側
④接下來在褲腳的位置朝正面上摺
⑤在摺疊的狀態下描繪出縫份，再以剪刀沿著線剪開
※褲腳以下的縫份會變成有些鋸齒狀
⑥先將側邊縫合起來，與折疊紙型時相同的方法摺疊褲腳
後
前
（表面）
褲腳
⑦將摺回來的部分的兩端稍微收進內側，並以縫線稍作固定以免變形
如果不預先收進內側的話，翻回正面時就會卡住了。
⑧將前後兩片正面相對後縫合下檔
（內裏）
像這樣在褲腳摺起的狀態下縫合，摺痕因為被固定住的關係不會滑落
在後方製作育克
所謂的育克，指的是像圖中這種運用在牛仔褲等的布片接縫設計。
①在喜歡的位置上畫出育克線
後
兩者合體
修改形成尖角的線條
②將側邊或是後中心的縫合褶份裁剪下來，使其與育克的長度相同
縫合褶份
雖然裙子的育克也是相同的製作方法，但如果沒有縫合褶設計的話，只在畫線的部分將裙片分割也可以。
前
後

Chapter 7.

切開褲子的原型

—PANTS Ⅲ—

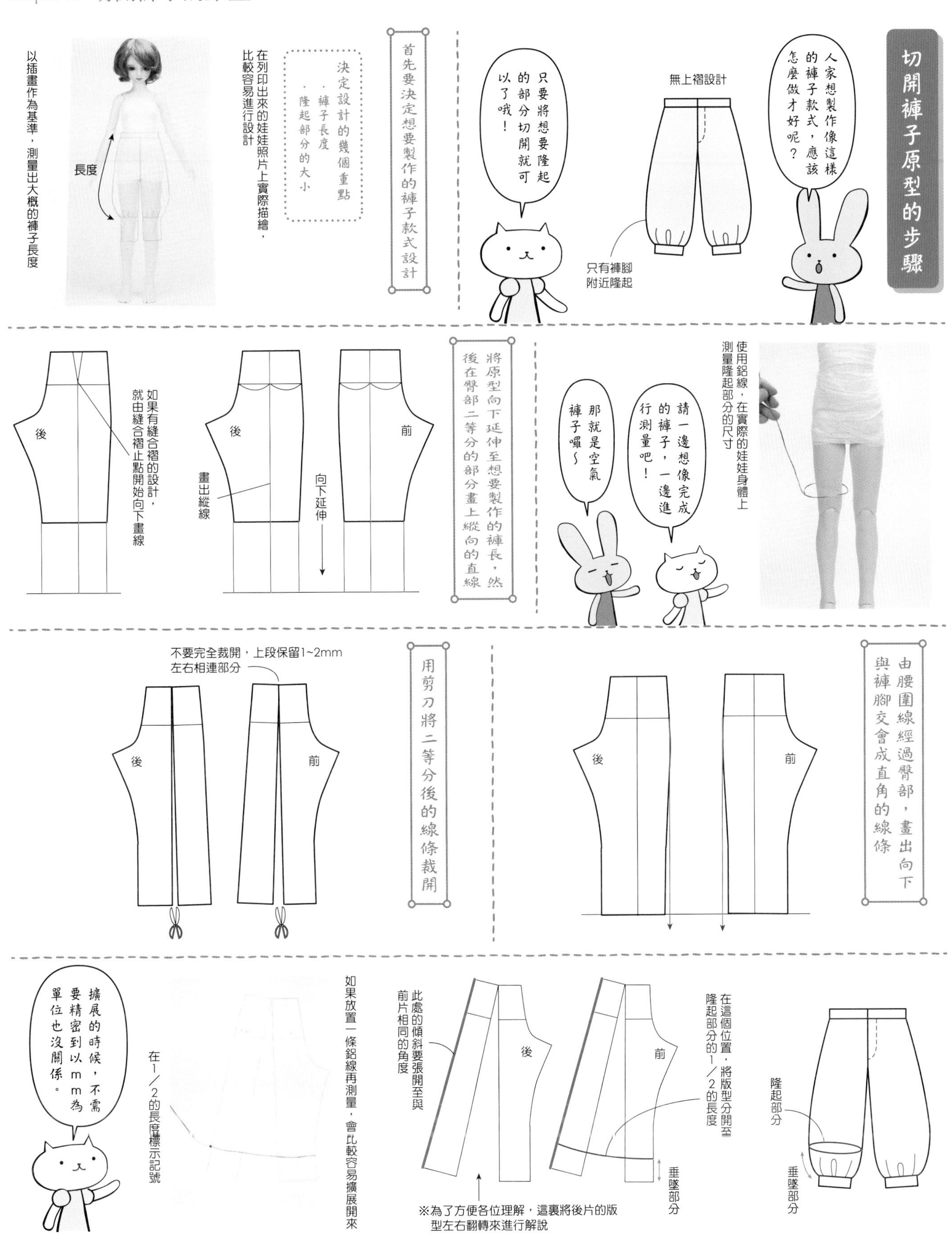
切開褲子原型的步驟
人家想製作像這樣的褲子款式，應該怎麼做才好呢？
無上褶設計
只有褲腳附近隆起
只要將想要隆起的部分切開就可以了哦！
首先要決定想要製作的褲子款式設計
決定設計的幾個重點
・褲子長度
・隆起部分的大小
在列印出來的娃娃照片上實際描繪，比較容易進行設計
長度
以插畫作為基準，測量出大概的褲子長度
使用鉛線，在實際的娃娃身體上測量隆起部分的尺寸
請一邊想像完成的褲子，一邊進行測量吧！
那就是空氣褲子囉～
將原型向下延伸至想要製作的褲長，然後在臀部二等分的部分畫上縱向的直線
前
後
向下延伸
畫出縱線
後
如果有縫合褶的設計，就由縫合褶止點開始向下畫線
由腰圍線經過臀部，畫出向下與褲腳交會成直角的線條
前
後
用剪刀將二等分後的線條裁開
不要完全裁開，上段保留1~2mm左右相連部分
前
後
隆起部分
垂墜部分
在這個位置，將版型分開至隆起部分的1／2的長度
垂墜部分
前
後
此處的傾斜要張開至與前片相同的角度
※為了方便各位理解，這裏將後片的版型左右翻轉來進行解說
如果放置一條鉛線再測量，會比較容易擴展開來
在1／2的長度標示記號
擴展的時候，不需要精密到以mm為單位也沒關係。

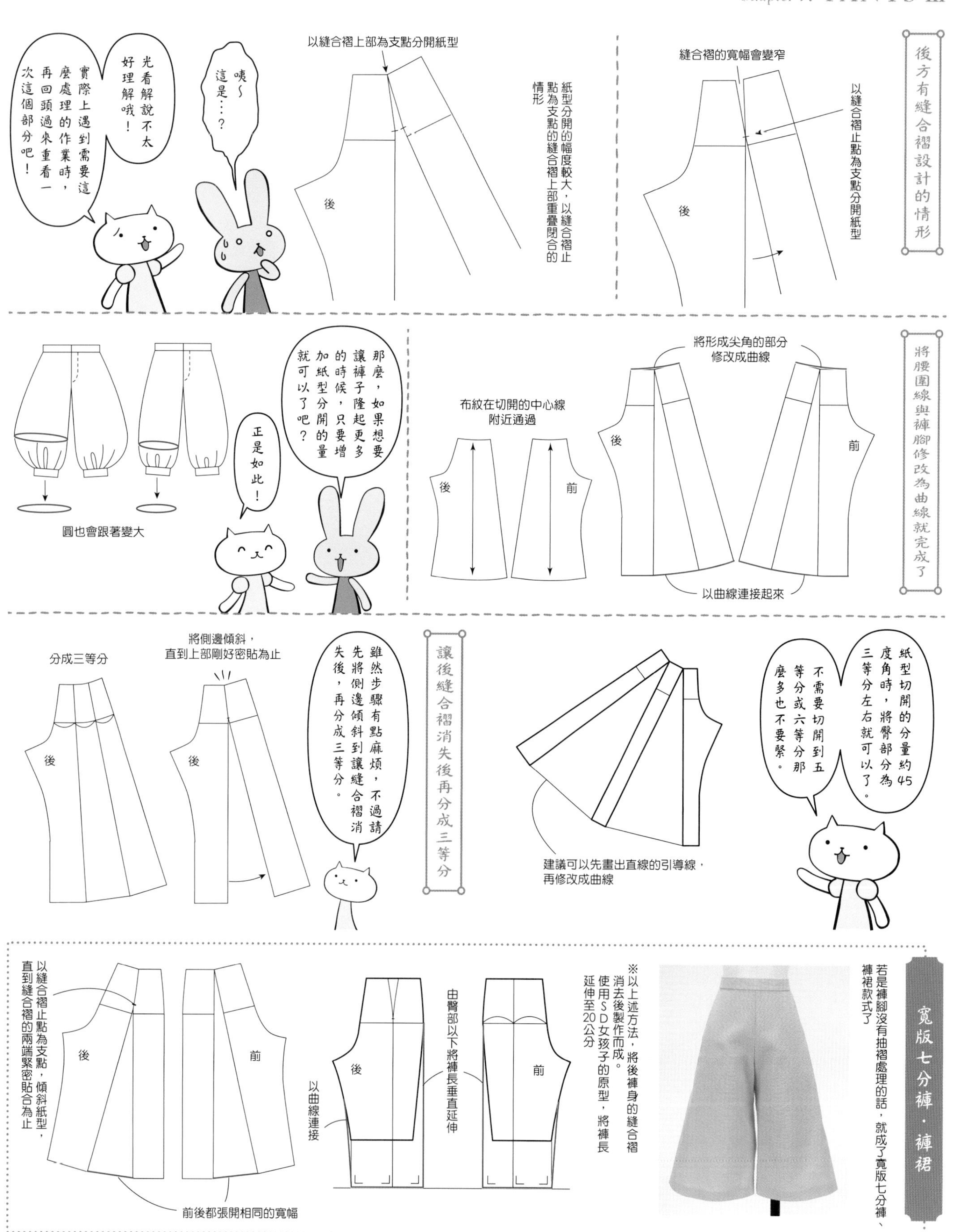
後方有縫合褶設計的情形
以縫合褶上部為支點分開紙型
紙型分開的幅度較大，以縫合褶止點為支點的縫合褶上部重疊閉合的情形
後
縫合褶的寬幅會變窄
以縫合褶止點為支點分開紙型
後
咦～這是…？
光看解說不太好理解哦！
實際上遇到需要這麼處理的作業時，再回頭過來重看一次這個部分吧！
將腰圍線與褲腳修改為曲線就完成了
將形成尖角的部分修改成曲線
布紋在切開的中心線附近通過
後
前
後
前
以曲線連接起來
那麼，如果想要讓褲子隆起更多的時候，只要增加紙型分開的量就可以了吧？
正是如此！
圓也會跟著變大
分成三等分
將側邊傾斜，直到上部剛好密貼為止
後
後
雖然步驟有點麻煩，不過請先將側邊傾斜到讓縫合褶消失後，再分成三等分。
讓後縫合褶消失後再分成三等分
紙型切開的分量約45度角時，將臀部分為三等分左右就可以了。
不需要切開到五等分或六等分那麼多也不要緊。
建議可以先畫出直線的引導線，再修改成曲線
以縫合褶止點為支點，傾斜紙型，直到縫合褶的兩端緊密貼合為止
後
前
前後都張開相同的寬幅
以曲線連接
由臀部以下將褲長垂直延伸
後
前
※以上述方法，將後褲身的縫合褶消去後製作而成。使用SD女孩子的原型，將褲長延伸至20公分
寬版七分褲・褲裙
若是褲腳沒有抽褶處理的話，就成了寬版七分褲、褲裙款式了

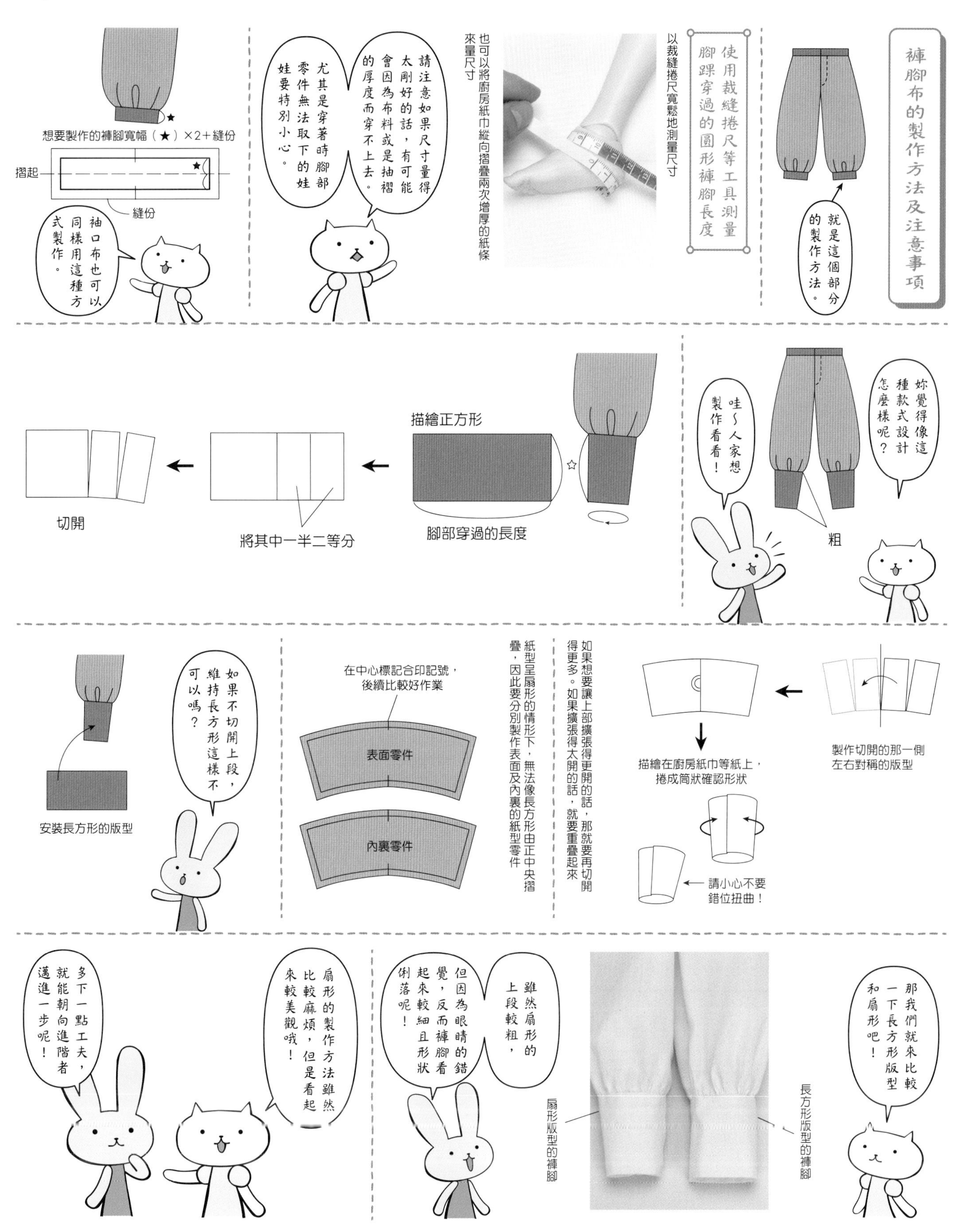

褲腳布的製作方法及注意事項
就是這個部分的製作方法。
使用裁縫捲尺等工具測量腳踝穿過的圓形褲腳長度
以裁縫捲尺寬鬆地測量尺寸
也可以將廚房紙巾縱向摺疊兩次增厚的紙條來量尺寸
請注意如果尺寸量得太剛好的話，有可能會因為布料或是抽褶的厚度而穿不上去。
尤其是穿著時腳部零件無法取下的娃娃要特別小心。
想要製作的褲腳寬幅（★）×2＋縫份
摺起
縫份
袖口布也可以同樣用這種方式製作。
妳覺得像這種款式設計怎麼樣呢？
哇～人家想製作看看！
粗
描繪正方形
腳部穿過的長度
將其中一半二等分
切開
製作切開的那一側左右對稱的版型
描繪在廚房紙巾等紙上，捲成筒狀確認形狀
請小心不要錯位扭曲！
如果想要讓上部擴張得更開的話，那就要再切開得更多。如果擴張得太開的話，就要重疊起來
紙型呈扇形的情形下，無法像長方形由正中央摺疊，因此要分別製作表面及內裏的紙型零件
在中心標記合印記號，後續比較好作業
表面零件
內裏零件
如果不切開上段，維持長方形這樣不可以嗎？
安裝長方形的版型
那我們就來比較一下長方形版型和扇形吧！
長方形版型的褲腳
扇形版型的褲腳
雖然扇形的上段較粗，
但因為眼睛的錯覺，反而褲腳看起來較細且形狀俐落呢！
扇形的製作方法雖然比較麻煩，但是看起來較美觀哦！
多下一點工夫，就能朝向進階者邁進一步呢！

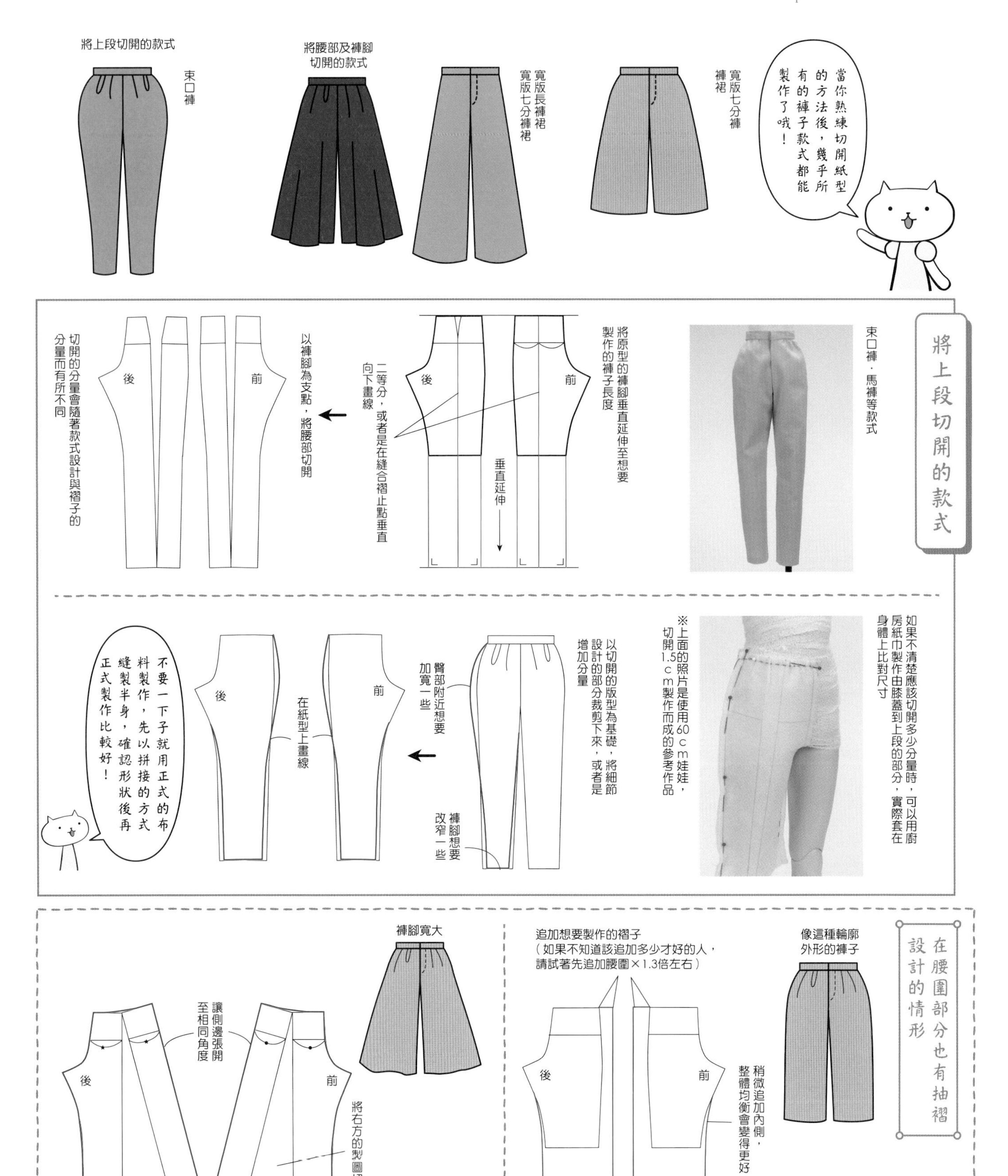
將上段切開的款式
束口褲
將腰部及褲腳切開的款式
寬版長褲裙
寬版七分褲裙
寬版七分褲裙
當你熟練切開紙型的方法後，幾乎所有的褲子款式都能製作了哦！
將上段切開的款式
束口褲．馬褲等款式
將原型的褲腳垂直延伸至想要製作的褲子長度
垂直延伸
後
前
二等分，或者是在縫合褶止點垂直向下畫線
以褲腳為支點，將腰部切開
切開的分量會隨著款式設計與褶子的分量而有所不同
如果不清楚應該切開多少分量時，可以用廚房紙巾製作由膝蓋到上段的部分，實際套在身體上比對尺寸
※上面的照片是使用60cm娃娃，切開1.5cm製作而成的參考作品
以切開的版型為基礎，將細節設計的部分裁剪下來，或者是增加分量
臀部附近想要加寬一些
褲腳想要改窄一些
在紙型上畫線
不要一下子就用正式的布料製作，先以拼接的方式縫製半身，確認形狀後再正式製作比較好！
在腰圍部分也有抽褶設計的情形
像這種輪廓外形的褲子
追加想要製作的褶子
（如果不知道該追加多少才好的人，請試著先追加腰圍×1.3倍左右）
稍微追加內側，整體均衡會變得更好
褲腳寬大
讓側邊張開至相同角度
將右方的製圖切開

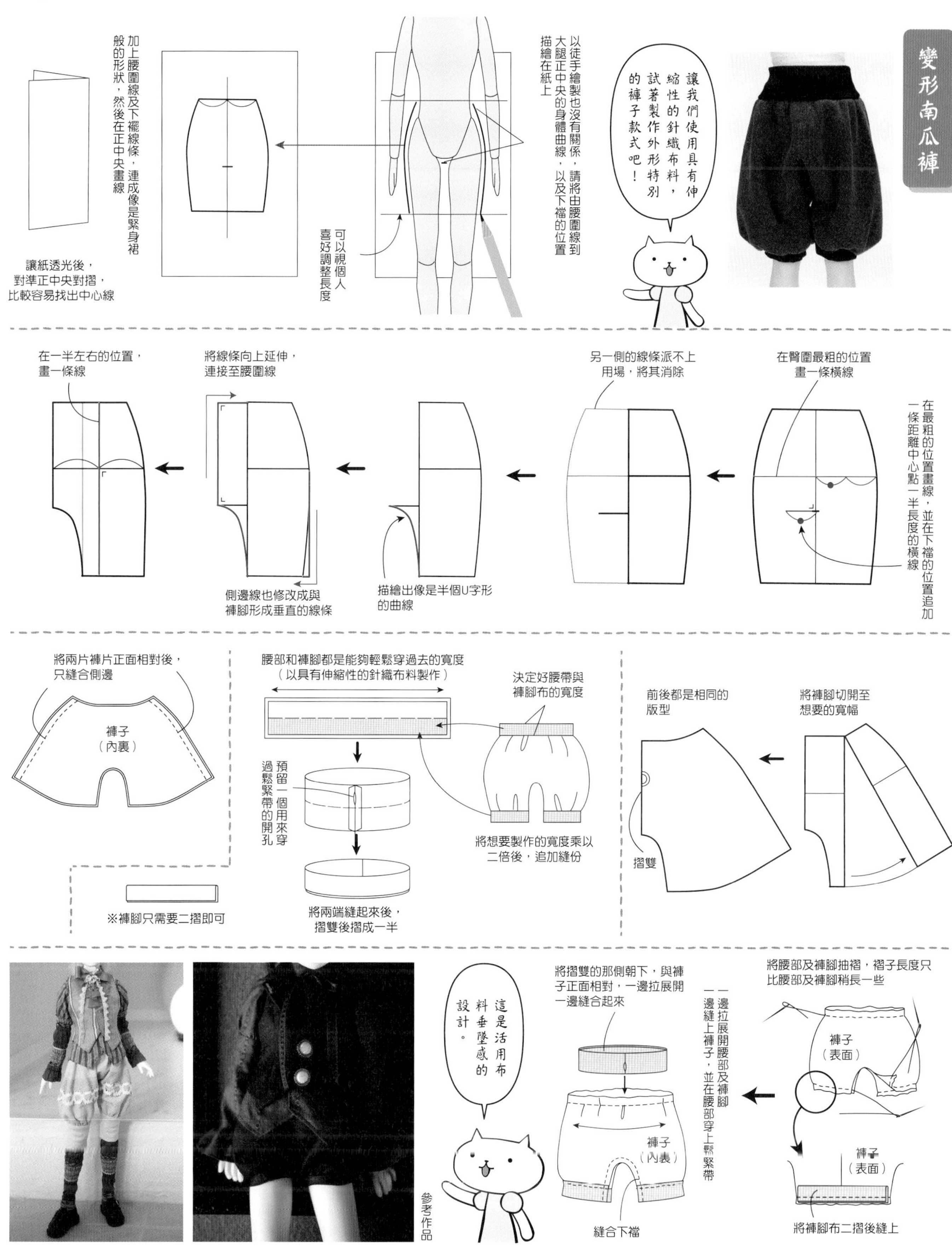

變形南瓜褲
讓我們使用具有伸縮性的針織布料，試著製作外形特別的褲子款式吧！
以徒手繪製也沒有關係，請將由腰圍線到大腿正中央的身體曲線，以及下檔的位置描繪在紙上
可以視個人喜好調整長度
加上腰圍線及下襬線條，連成像是緊身裙般的形狀，然後在正中央畫線
讓紙透光後，對準正中央對摺，比較容易找出中心線
在最粗的位置畫線，並在下檔的位置追加一條距離中心點一半長度的橫線
在臀圍最粗的位置畫一條橫線
另一側的線條派不上用場，將其消除
描繪出像是半個U字形的曲線
將線條向上延伸，連接至腰圍線
側邊線也修改成與褲腳形成垂直的線條
在一半左右的位置，畫一條線
將兩片褲片正面相對後，只縫合側邊
褲子（內裏）
腰部和褲腳都是能夠輕鬆穿過去的寬度（以具有伸縮性的針織布料製作）
決定好腰帶與褲腳布的寬度
預留一個用來穿過鬆緊帶的開孔
將想要製作的寬度乘以二倍後，追加縫份
將兩端縫起來後，摺雙後摺成一半
※褲腳只需要二摺即可
前後都是相同的版型
將褲腳切開至想要的寬幅
摺雙
這是活用布料垂墜感的設計。
參考作品
將摺雙的那側朝下，與褲子正面相對，一邊拉展開一邊縫合起來
一邊拉展開腰部及褲腳邊縫上褲子，並在腰部穿上鬆緊帶
褲子（內裏）
縫合下檔
將腰部及褲腳抽褶，褶子長度只比腰部及褲腳稍長一些
褲子（表面）
褲子（表面）
將褲腳布二摺後縫上

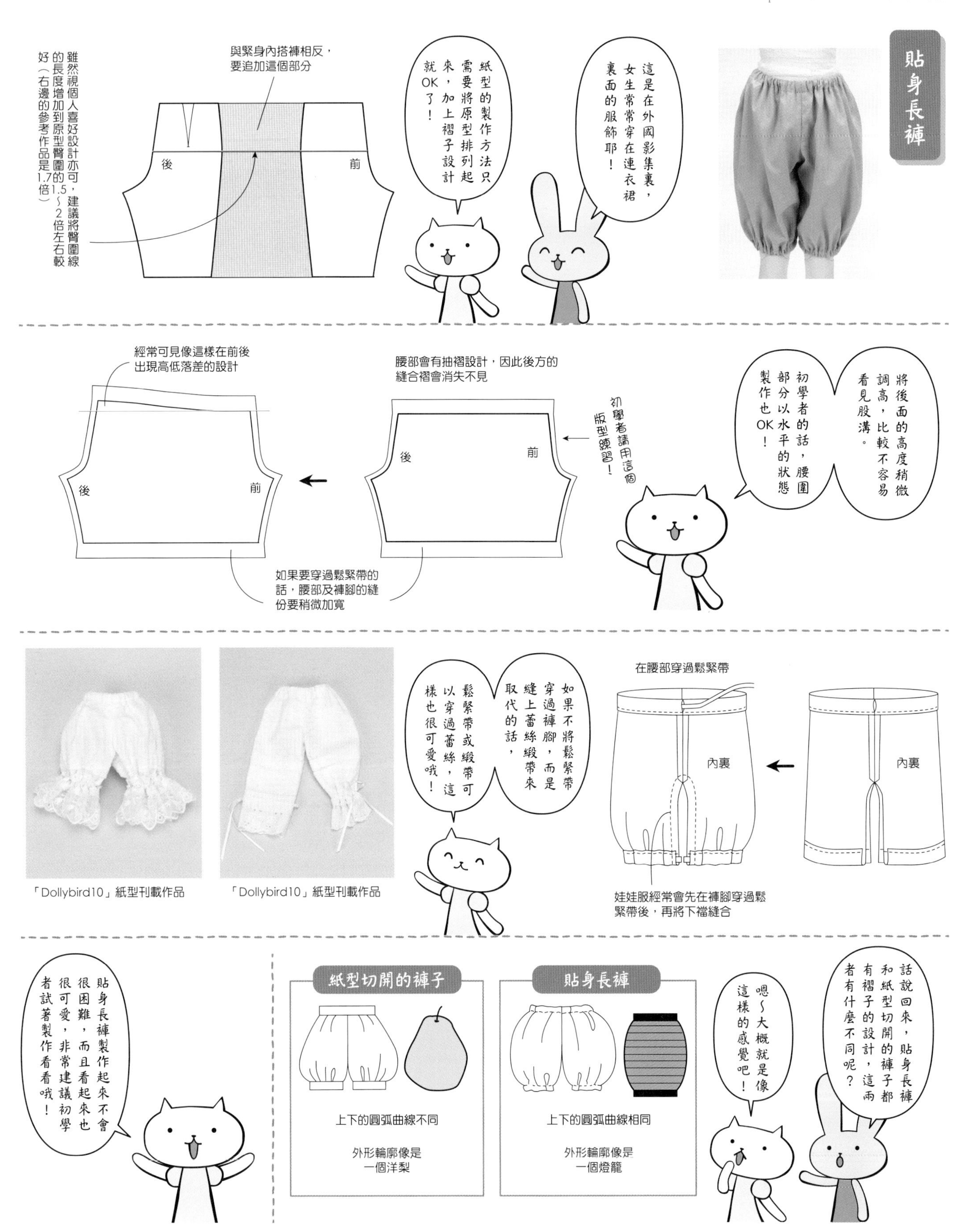

「Dollybird10」紙型刊載作品

「Dollybird10」紙型刊載作品

Chapter 8.

開口與縫份

—PANTS IV—

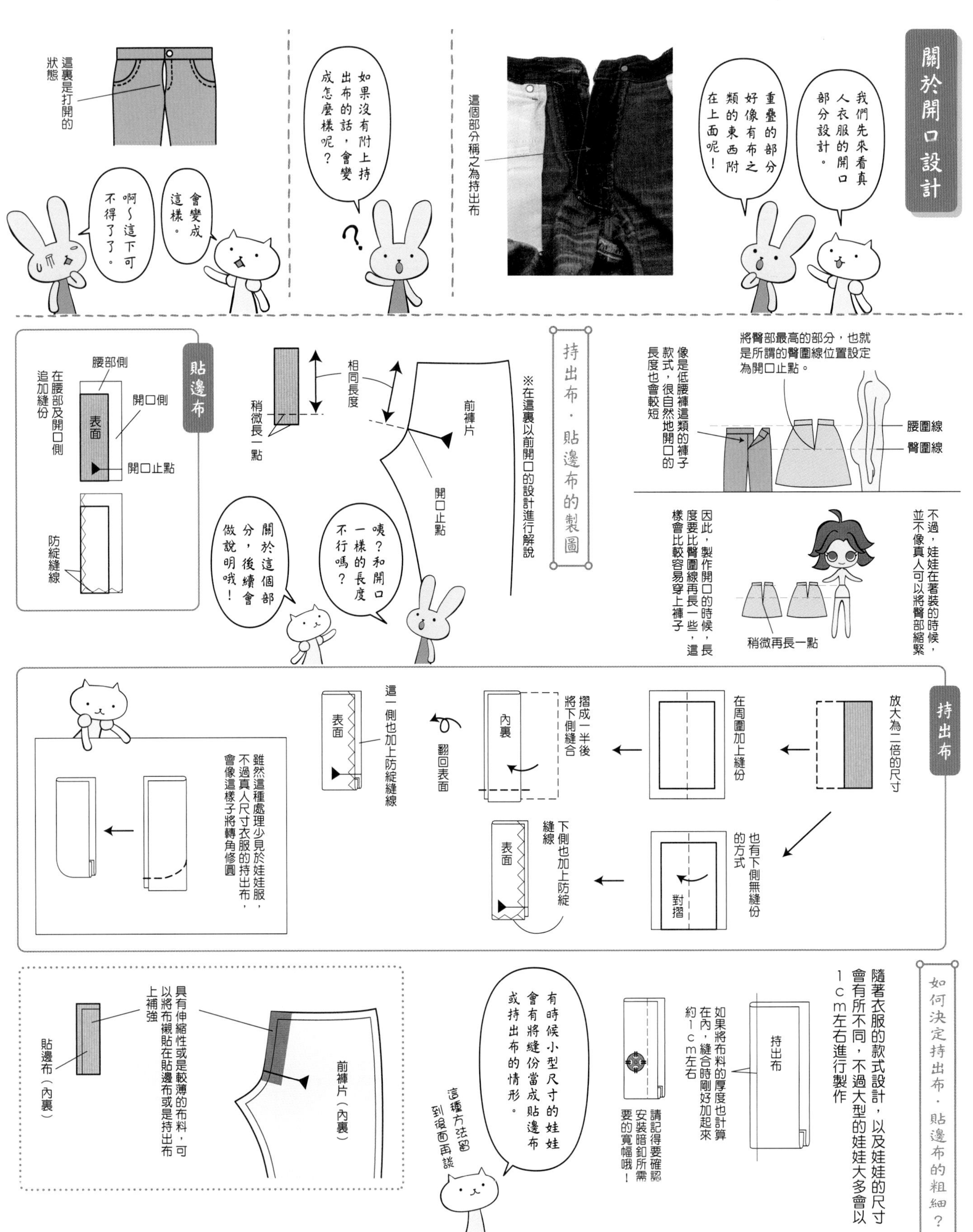
關於開口設計
我們先來看真人衣服的開口部分設計。
重疊的部分好像有布之類的東西附在上面呢！
這個部分稱之為持出布
如果沒有附上持出布的話，會變成怎麼樣呢？
這裏是打開的狀態
會變成這樣。
啊～這下可不得了了。
將臀部最高的部分，也就是所謂的臀圍線位置設定為開口止點。
像是低腰褲這類的褲子款式，很自然地開口的長度也會較短
腰圍線
臀圍線
不過，娃娃在著裝的時候，並不像真人可以將臀部縮緊，
因此，製作開口的時候，長度要比臀圍線再長一些，這樣會比較容易穿上褲子
稍微再長一點
持出布・貼邊布的製圖
※在這裏以前開口的設計進行解說
前褲片
相同長度
稍微長一點
開口止點
咦？和開口一樣的長度不行嗎？
關於這個部分，後續會做說明哦！
貼邊布
腰部側
開口側
表面
開口止點
在腰部及開口側追加縫份
防綻縫線
持出布
放大為二倍的尺寸
在周圍加上縫份
摺成一半後將下側縫合
內裏
翻回表面
這一側也加上防綻縫線
表面
也有下側無縫份的方式
對摺
下側也加上防綻縫線
表面
雖然這種處理少見於娃娃服，不過真人尺寸衣服的持出布，會像這樣子將轉角修圓
如何決定持出布・貼邊布的粗細？
隨著衣服的款式設計，以及娃娃的尺寸會有所不同，不過大型的娃娃大多會以1cm左右進行製作
持出布
如果將布料的厚度也計算在內，縫合時剛好加起來約1cm左右
請記得要確認安裝暗釦所需要的寬幅哦！
有時候小型尺寸的娃娃會有將縫份當成貼邊布或持出布的情形。
這種方法留到後面再談
前褲片（內裏）
具有伸縮性或是較薄的布料，可以將布襯貼在貼邊布或是持出布上補強
貼邊布（內裏）

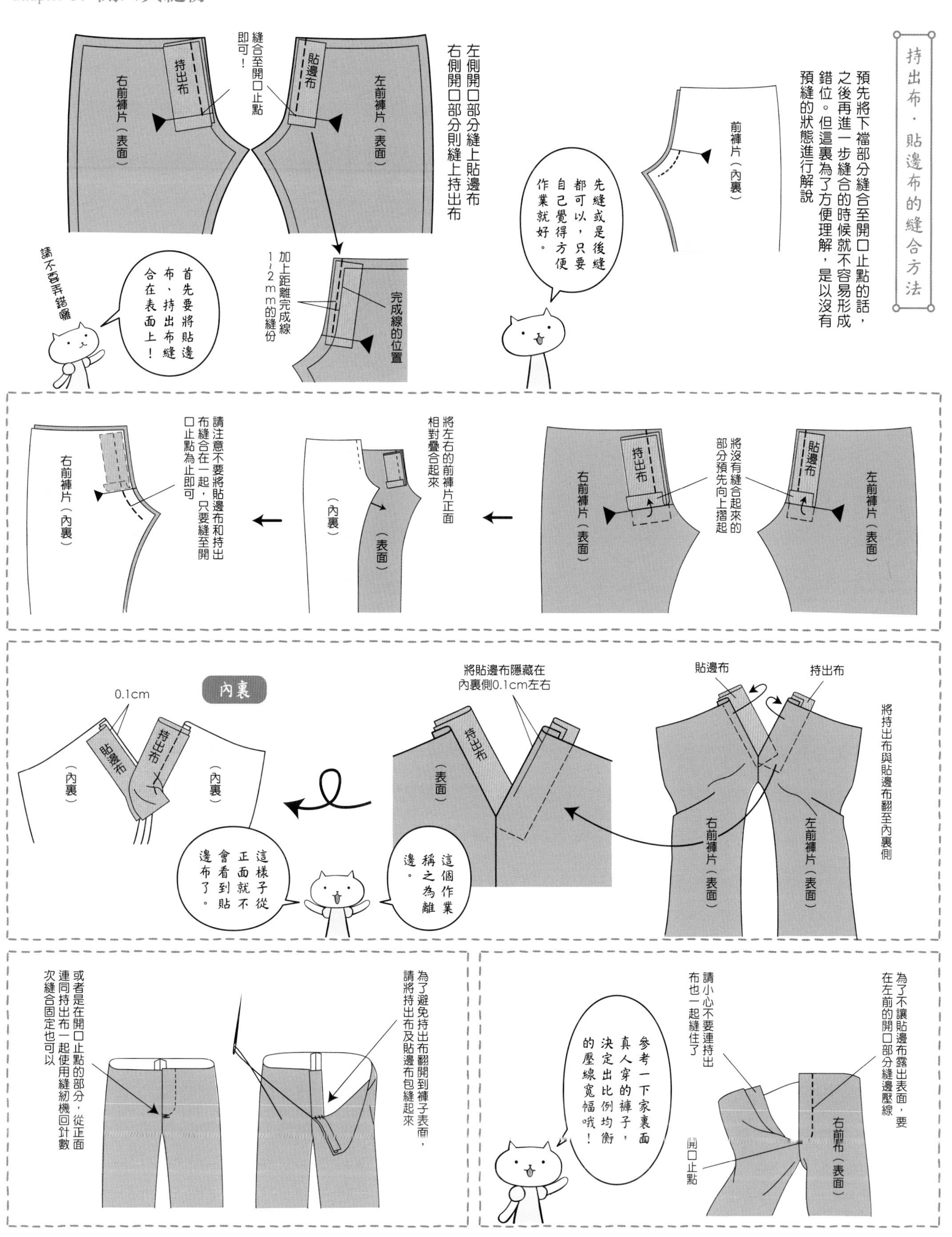
持出布．貼邊布的縫合方法
預先將下檔部分縫合至開口止點的話，之後再進一步縫合的時候就不容易形成錯位。但這裏為了方便理解，是以沒有預縫的狀態進行解說
前褲片（內裏）
先縫或是後縫都可以，只要自己覺得方便作業就好。
左側開口部分縫上貼邊布
右側開口部分則縫上持出布
縫合至開口止點即可！
貼邊布
持出布
右前褲片（表面）
左前褲片（表面）
加上距離完成線1~2mm的縫份
完成線的位置
首先要將貼邊布、持出布縫合在表面上！
請不要弄錯囉
將沒有縫合起來的部分預先向上摺起
右前褲片（表面）
左前褲片（表面）
將左右的前褲片正面相對疊合起來
（內裏）
（表面）
請注意不要將貼邊布和持出布縫合在一起，只要縫至開口止點為止即可
右前褲片（內裏）
將持出布與貼邊布翻至內裏側
貼邊布
持出布
右前褲片（表面）
左前褲片（表面）
將貼邊布隱藏在內裏側0.1cm左右
（表面）
這個作業稱之為離邊。
這樣子從正面就不會看到貼邊布了。
內裏
0.1cm
（內裏）
（內裏）
為了不讓貼邊布露出表面，要在左前的開口部分縫邊壓線
請小心不要連持出布也一起縫住了
開口止點
左前布（表面）
參考一下家裏真人穿的褲子，決定出比例均衡的壓線寬幅哦！
為了避免持出布翻開到褲子表面，請將持出布及貼邊布包縫起來
或者是在開口止點的部分，從正面連同持出布一起使用縫紉機回針數次縫合固定也可以

以縫份代替持出布及貼邊布的方法

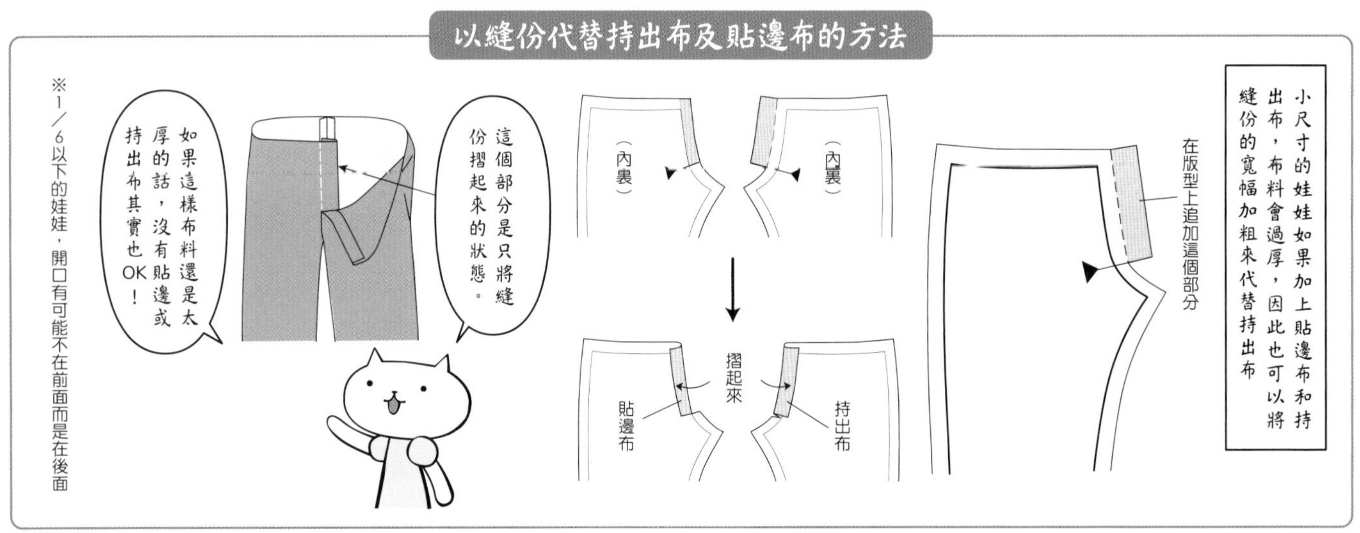

將持出布加長製作的理由

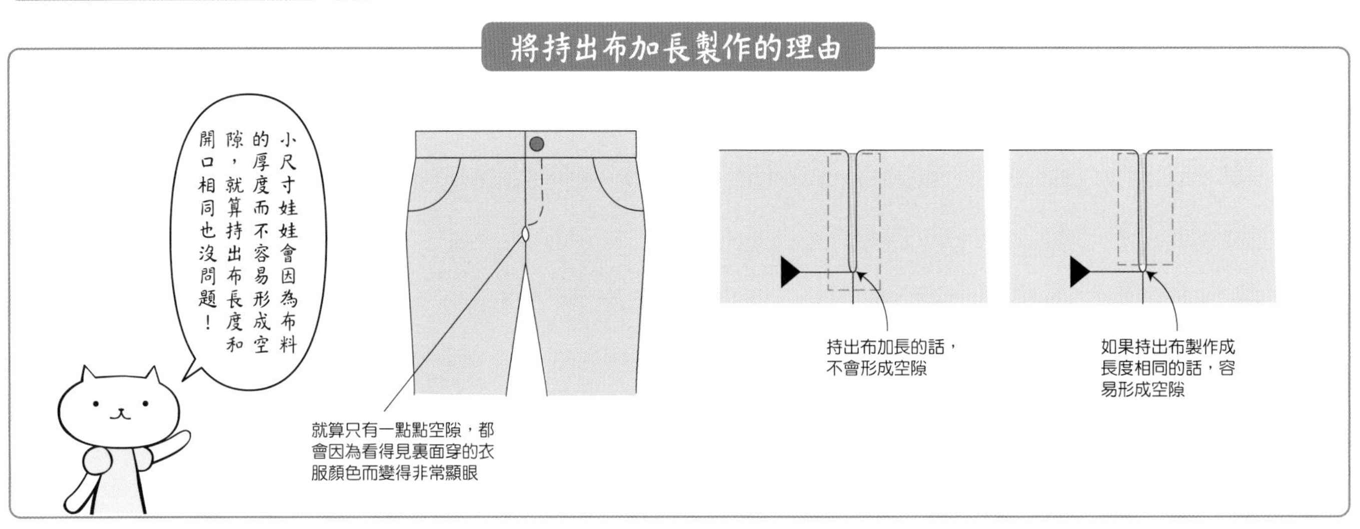

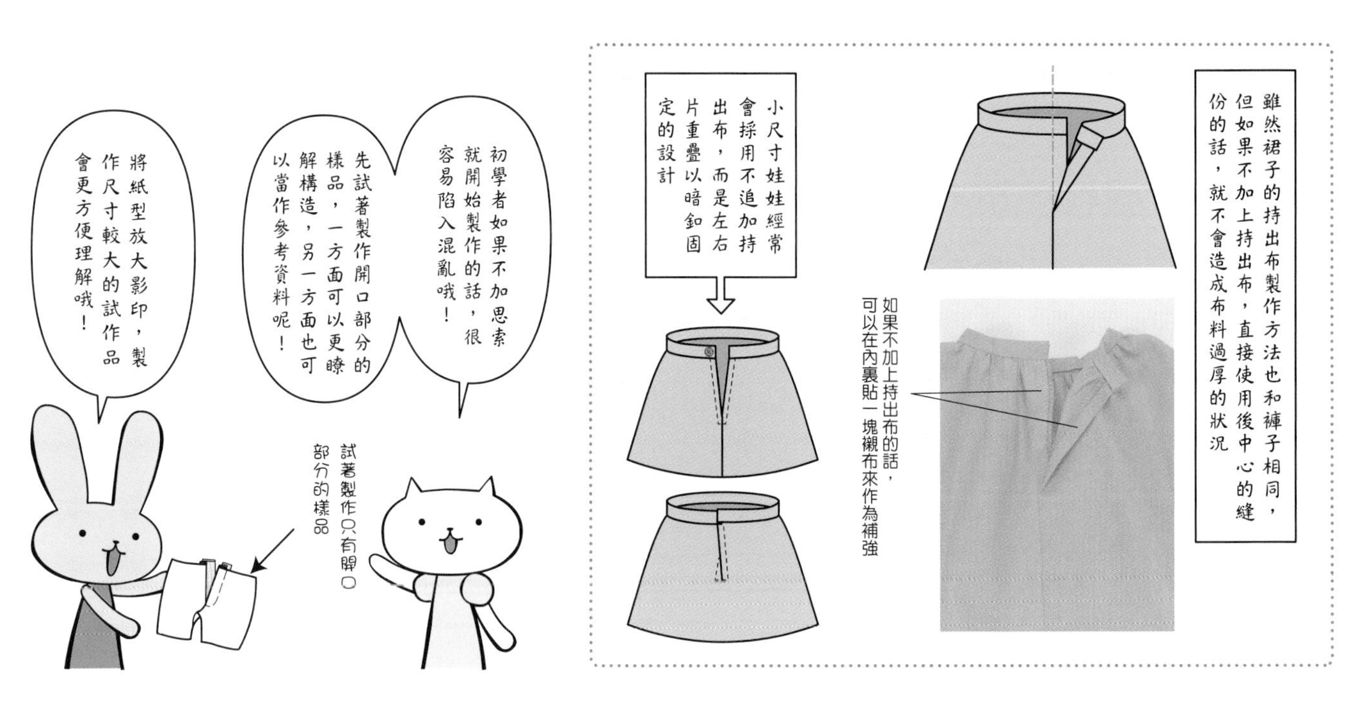

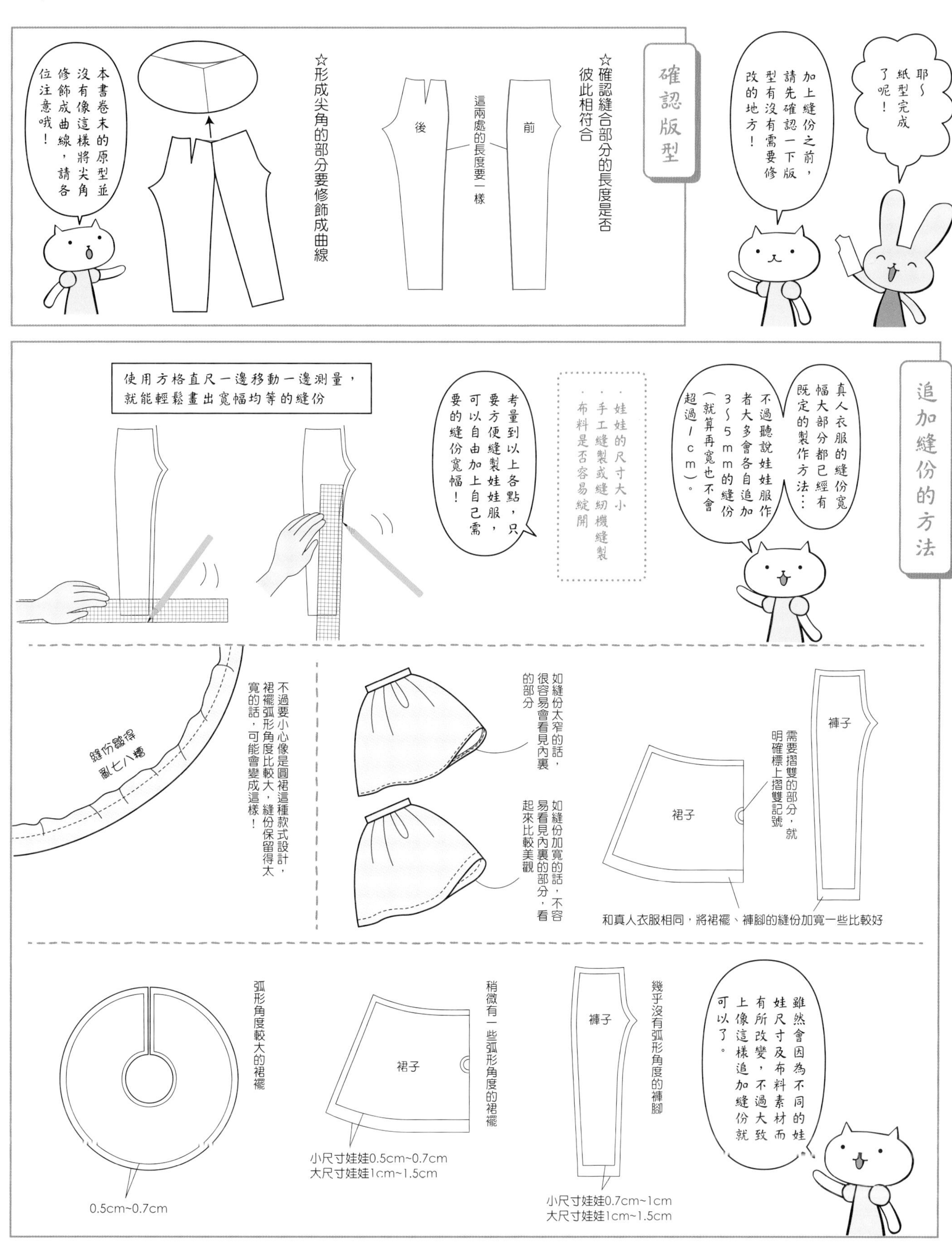
耶～紙型完成了呢！
加上縫份之前，請先確認一下版型有沒有需要修改的地方！
確認版型
☆確認縫合部分的長度是否彼此相符合
前
後
這兩處的長度要一樣
☆形成尖角的部分要修飾成曲線
本書卷末的原型並沒有像這樣將尖角修飾成曲線，請各位注意哦！
追加縫份的方法
真人衣服的縫份寬幅大部分都已經有既定的製作方法…
不過聽說娃娃服作者大多會各自追加3～5mm的縫份（就算再寬也不會超過1cm）。
・娃娃的尺寸大小
・手工縫製或縫紉機縫製
・布料是否容易綻開
考量到以上各點，只要方便縫製娃娃服，可以自由加上自己需要的縫份寬幅！
使用方格直尺一邊移動一邊測量，就能輕鬆畫出寬幅均等的縫份
褲子
需要摺雙的部分，就明確標上摺雙記號
裙子
和真人衣服相同，將裙襬、褲腳的縫份加寬一些比較好
如縫份太窄的話，很容易會看見內裏的部分
如縫份加寬的話，不容易看見內裏的部分，看起來比較美觀
不過要小心像是圓裙這種款式設計，裙襬弧形角度比較大，縫份保留得太寬的話，可能會變成這樣！
縫份皺得亂七八糟
雖然會因為不同的娃娃尺寸及布料素材而有所改變，不過大致上像這樣追加縫份就可以了。
幾乎沒有弧形角度的褲腳
褲子
小尺寸娃娃0.7cm~1cm
大尺寸娃娃1cm~1.5cm
稍微有一些弧形角度的裙襬
裙子
小尺寸娃娃0.5cm~0.7cm
大尺寸娃娃1cm~1.5cm
弧形角度較大的裙襬
0.5cm~0.7cm

Chapter *9.*

30種褲子原型的解說

— PANTS PATTERNS —

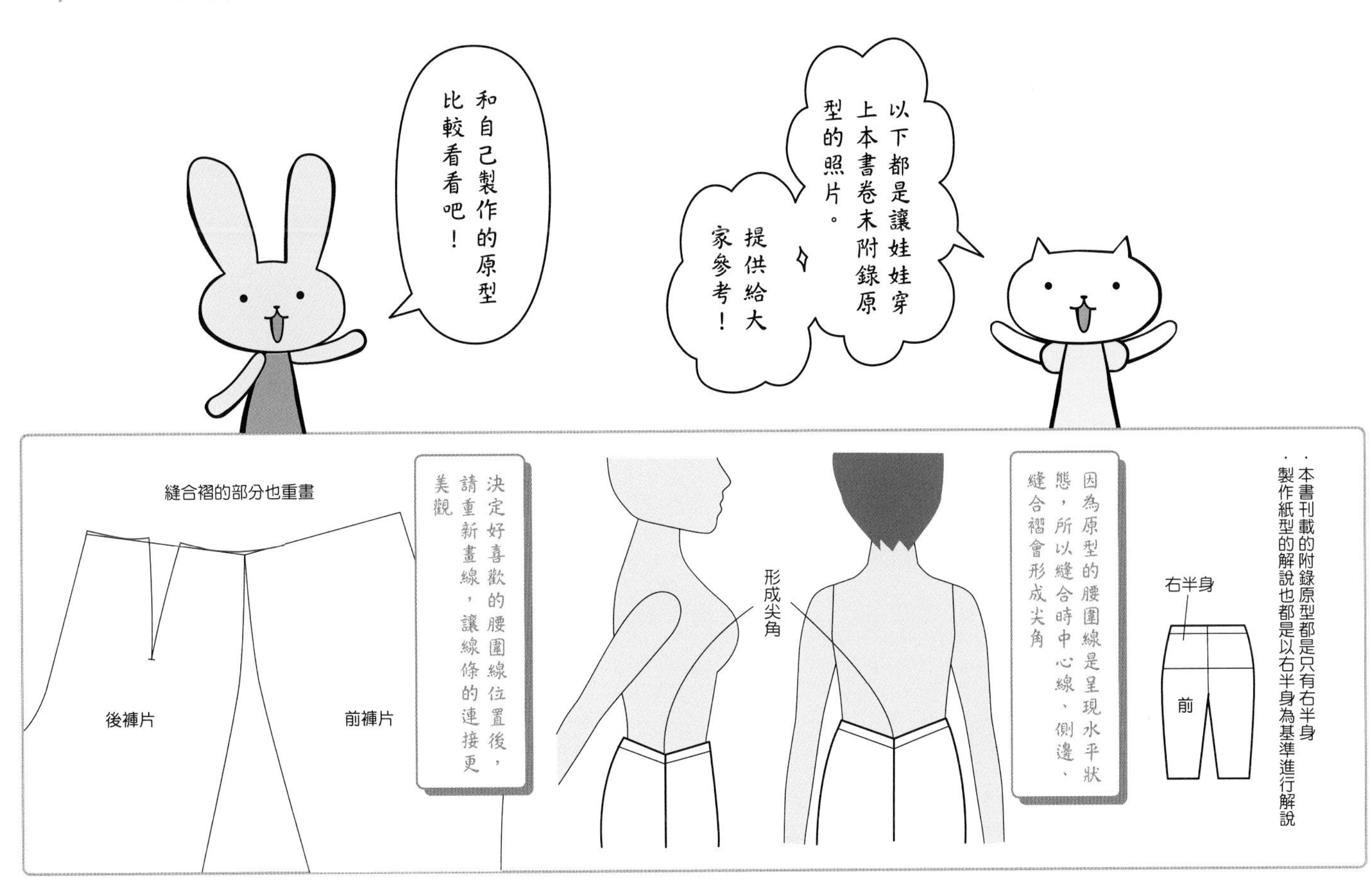
和自己製作的原型比較看看吧！
以下都是讓娃娃穿上本書卷末附錄原型的照片。
提供給大家參考！
縫合褶的部分也重畫
決定好喜歡的腰圍線位置後，請重新畫線，讓線條的連接更美觀
後褲片
前褲片
形成尖角
因為原型的腰圍線是呈現水平狀態，所以縫合時中心線、側邊、縫合褶會形成尖角
右半身
前
・本書刊載的附錄原型都是只有右半身
・製作紙型的解說也都是以右半身為基準進行解說

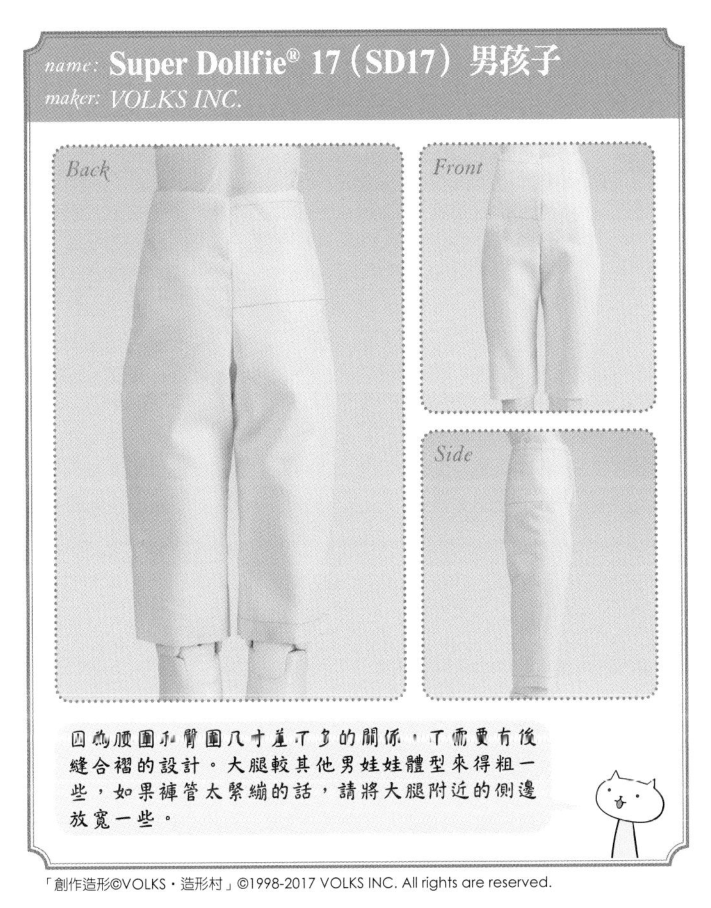
name: Super Dollfie® 17（SD17）男孩子
maker: VOLKS INC.
Back
Front
Side
因為腰圍和臀圍尺寸差不多的關係，不需要有後縫合褶的設計。大腿較其他男娃娃體型來得粗一些，如果褲管太緊繃的話，請將大腿附近的側邊放寬一些。

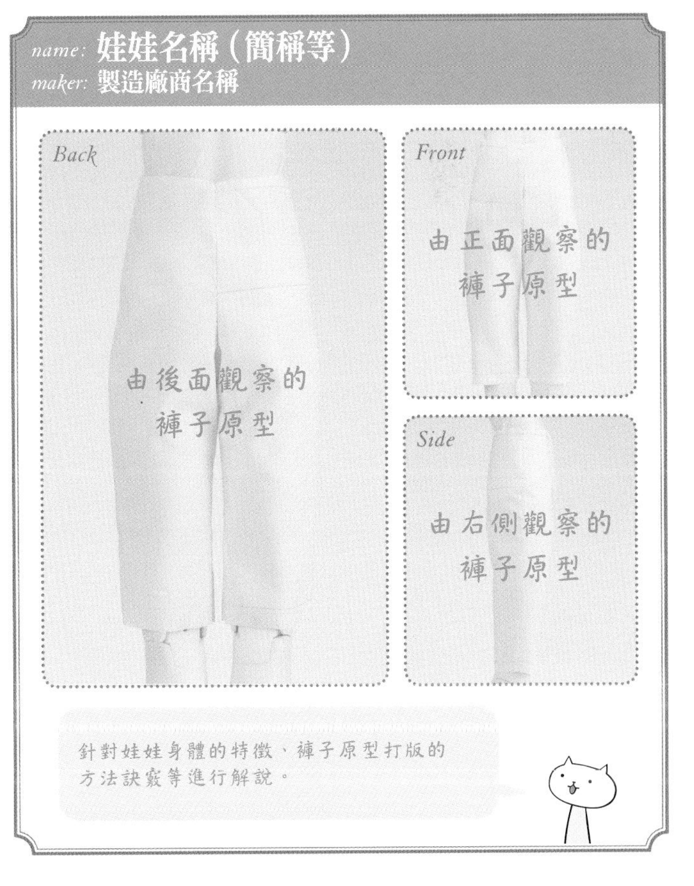
name: 娃娃名稱（簡稱等）
maker: 製造廠商名稱
Back
由後面觀察的褲子原型
Front
由正面觀察的褲子原型
Side
由右側觀察的褲子原型
針對娃娃身體的特徵、褲子原型打版的方法訣竅等進行解說。

name: **Super Dollfie® 16（SD16）女孩子**
maker: VOLKS INC.

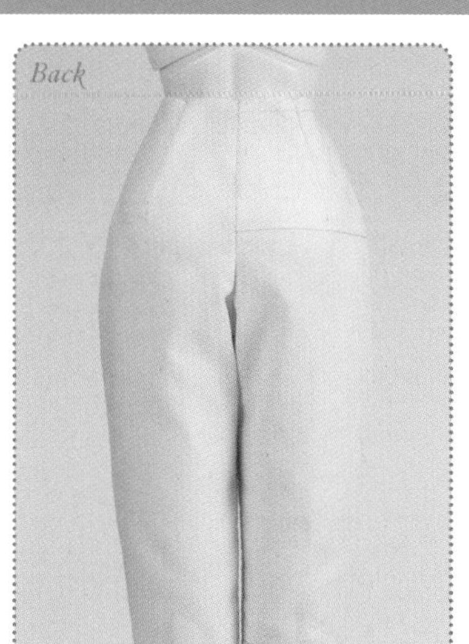

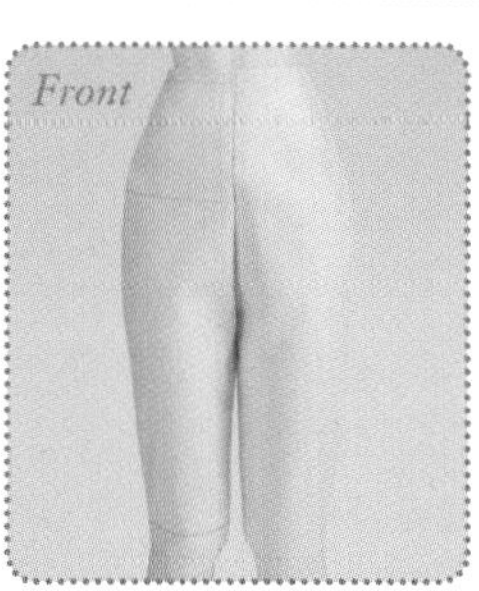

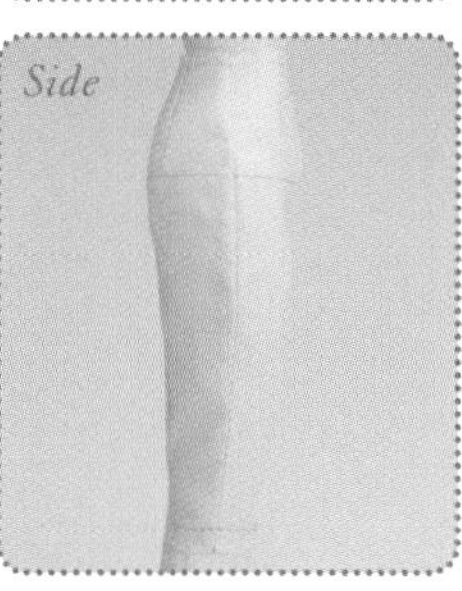

後縫合褶製作成曲線的V字形，可以漂亮地突顯出臀部的曲線。由腹部到大腿的線條上會遇到大腿根部的凹陷處，容易在這個部位形成皺摺，因此使用具有彈性的布料來因應。

name: **Super Dollfie® Graffiti（SDGr）男孩子**
maker: VOLKS INC.

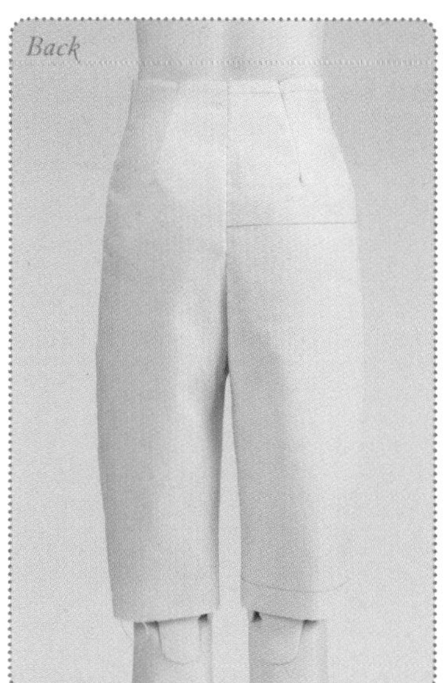

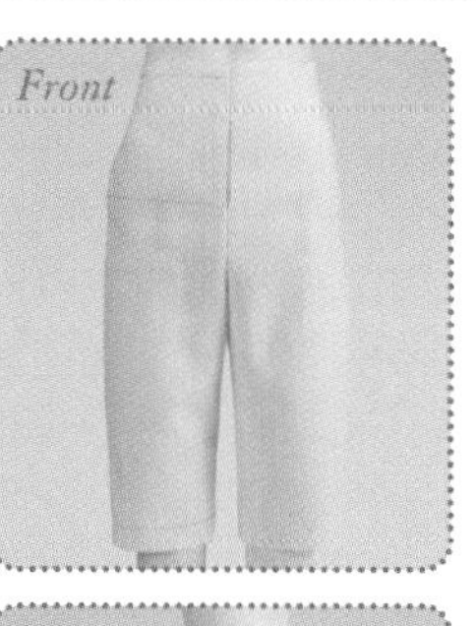

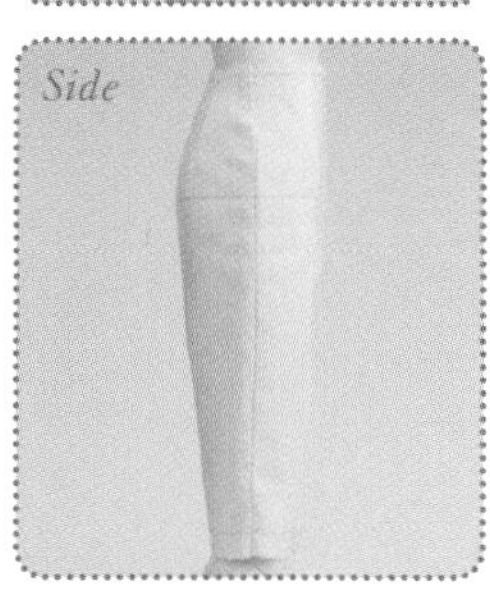

即使在側邊及後中心捏住多餘部分，仍然有太多鬆份，因此加入了後縫合褶的設計。腰圍線的位置偏高，請自行調節降低至自己喜歡的位置。

name: **Super Dollfie®（SD）女孩子**
maker: VOLKS INC.

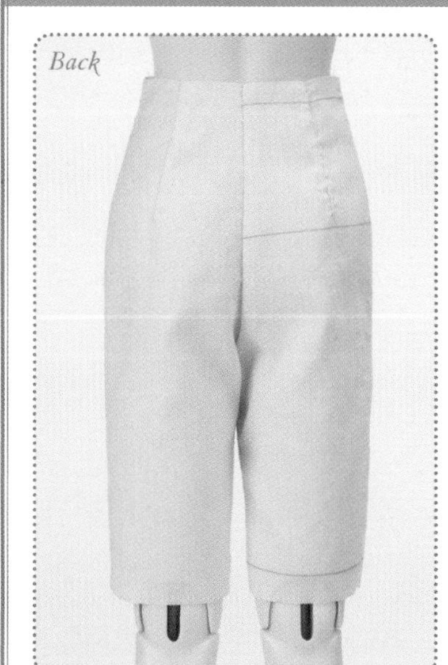

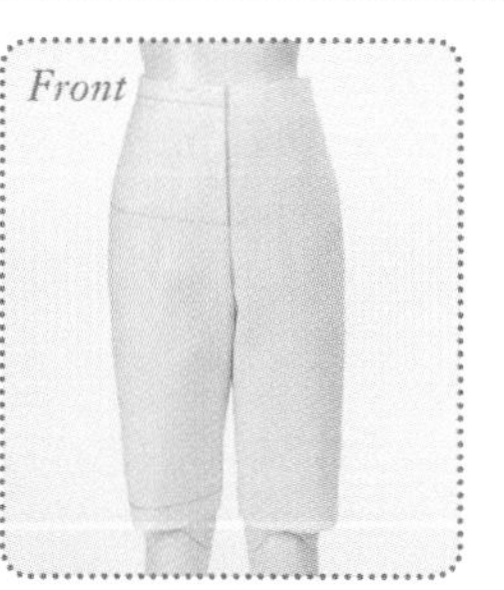

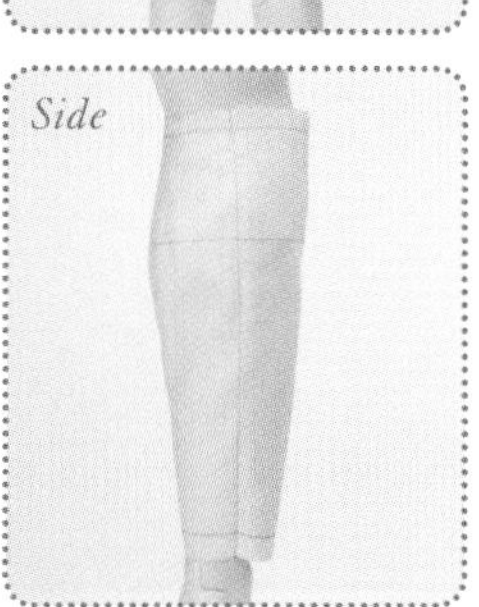

這是製作大尺寸女孩子娃娃的褲子原型時，很適合先拿來當作練習的身體。大致上在側邊，縫合褶及後中心都捏住相同的分量收緊即可。

name: **Super Dollfie® Graffiti（SDGr）女孩子**
maker: VOLKS INC.

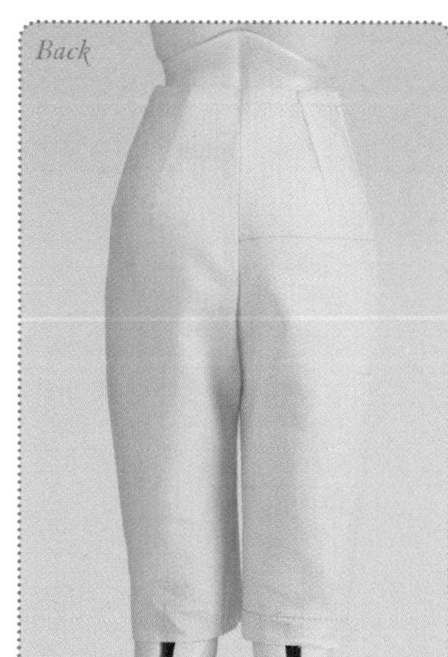

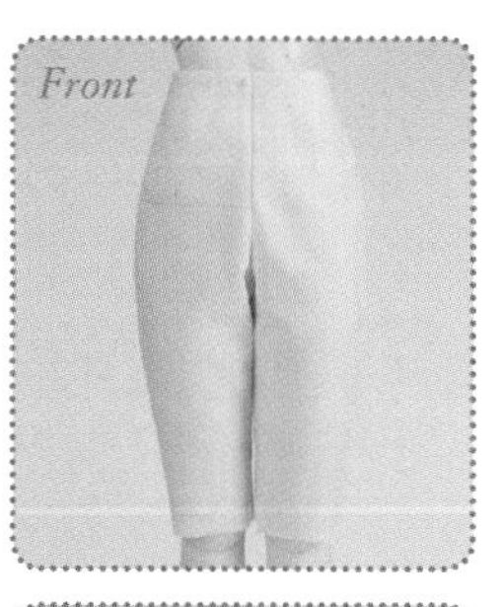

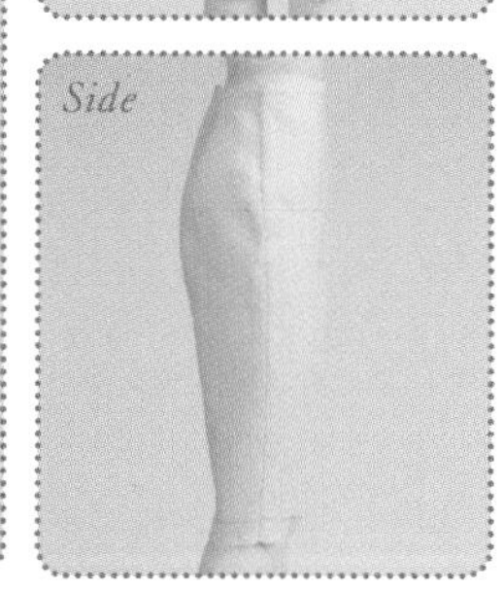

與標準型的身體相較之外，這個身體的腰部比較細，而且大腿比較粗。後縫合褶不要使用直線V字形的設計，改為曲線V字形會更適合貼近臀部的線條。

name: Mini Dollfie Dream®（MDD）
maker: VOLKS INC.

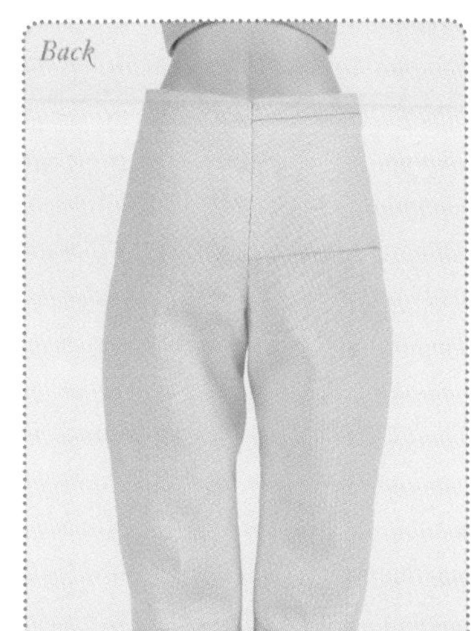

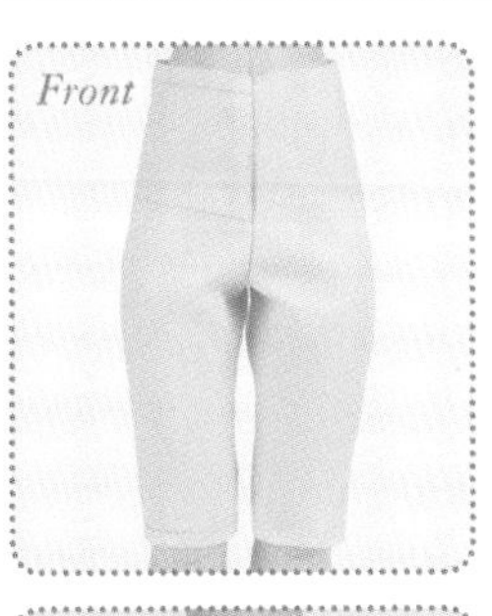

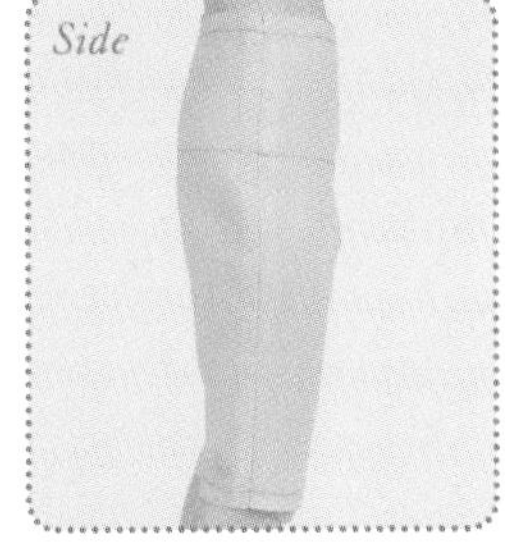

前後的大腿根部會出現一點空間，如果使用較薄布料縫製時，要注意這個部分容易下垂形成皺摺。建議使用有彈性的布料，比較不容易形成皺摺。

name: Dollfie Dream®（DD）
maker: VOLKS INC.

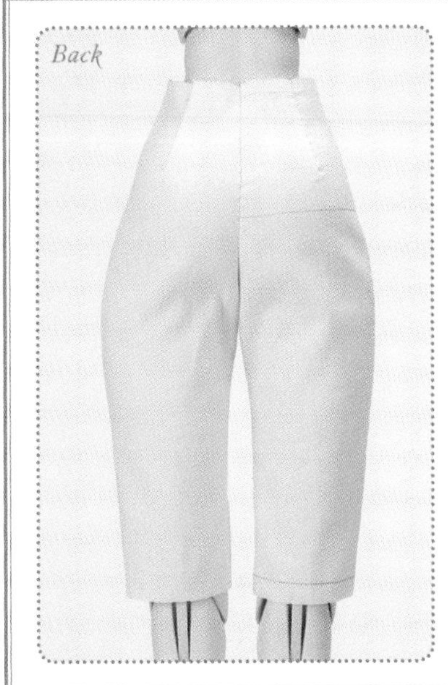

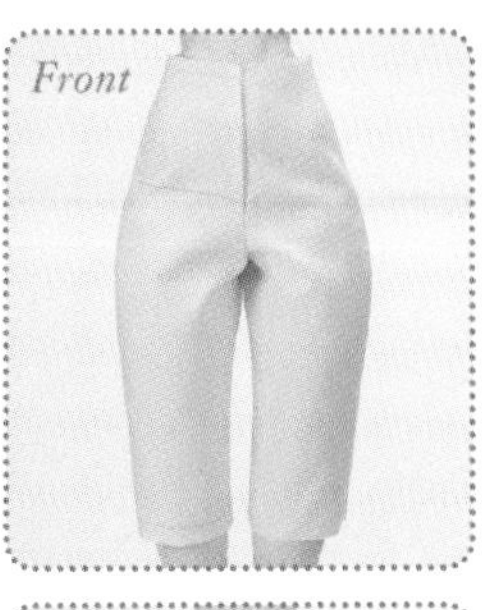

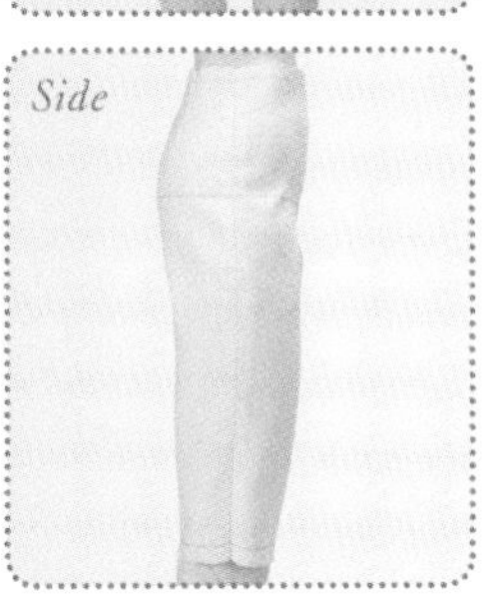

這個身體的腰圍與臀圍尺寸相差較大，因此後面有縫合褶的設計。大腿也比較粗，穿著褲子的時候容易卡住。可以將開口開得長一些，或是將腰圍部分改得較寬鬆一些。

name: Yo-Super Dollfie®（幼SD）女孩子/男孩子
maker: VOLKS INC.

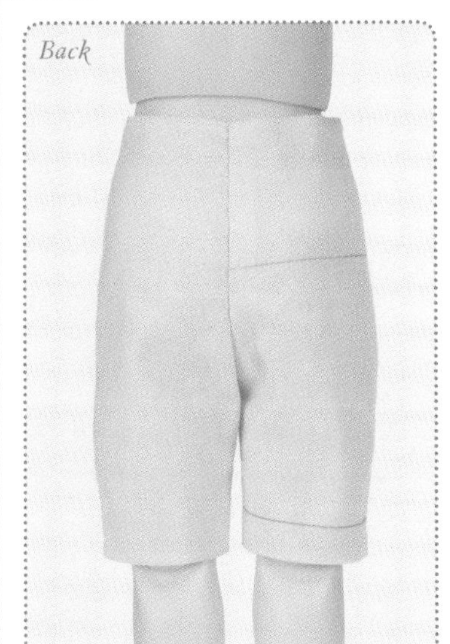

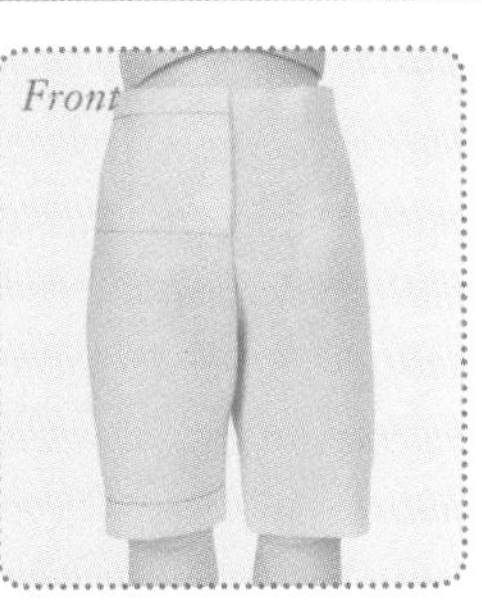

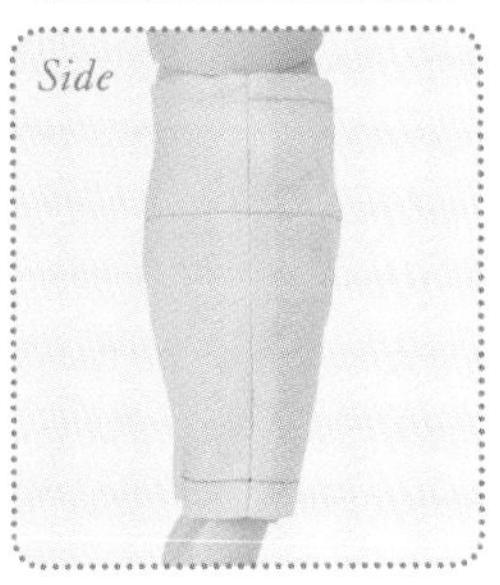

後面的大腿根部附近會有一些空間，這個部分多少會造成皺褶發生。建議使用具有彈性的布料製作，比較不容易形成皺摺。

name: Super Dollfie® Midi（SDM）女孩子
maker: VOLKS INC.

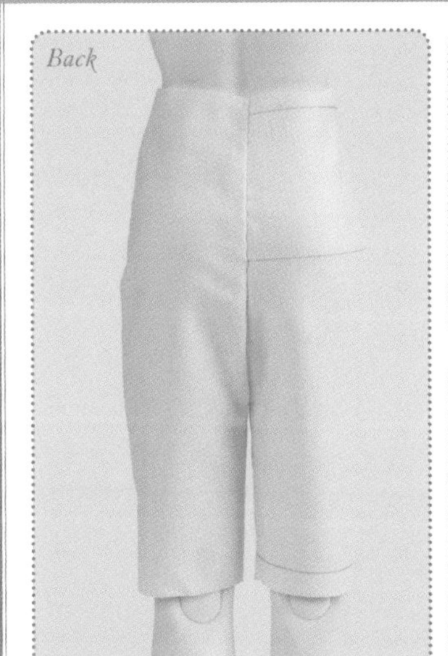

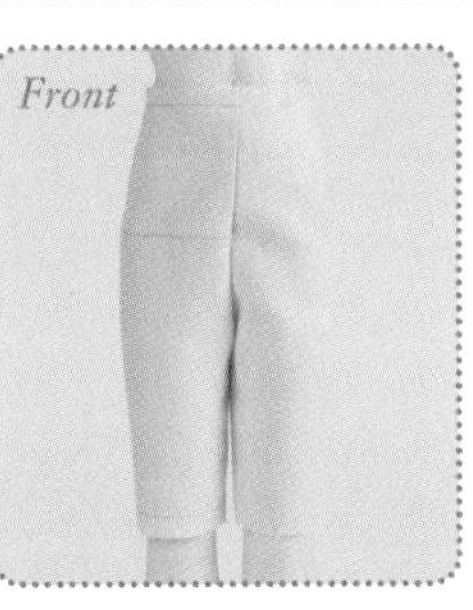

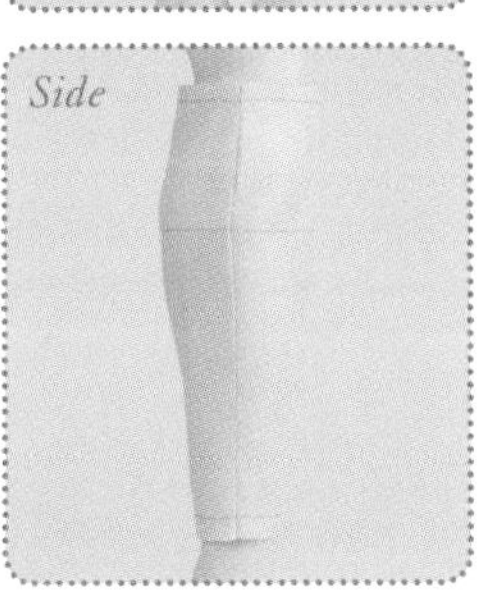

如果腰部的分割部位活動會造成作業困難的話，可以在腰部纏繞較粗的保護膠帶固定身體。只要在側邊及後中心捏住多餘部分收緊合身的話，沒有後縫合褶的設計也不要緊。

name: U-noa Quluts 兄
maker: 鍊金術工房

Back

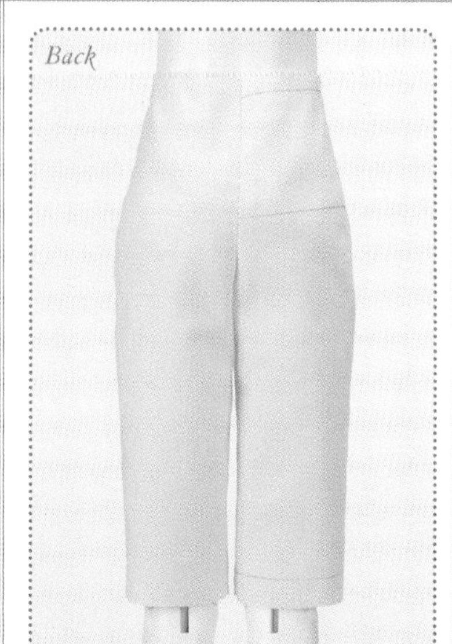

Front

Side

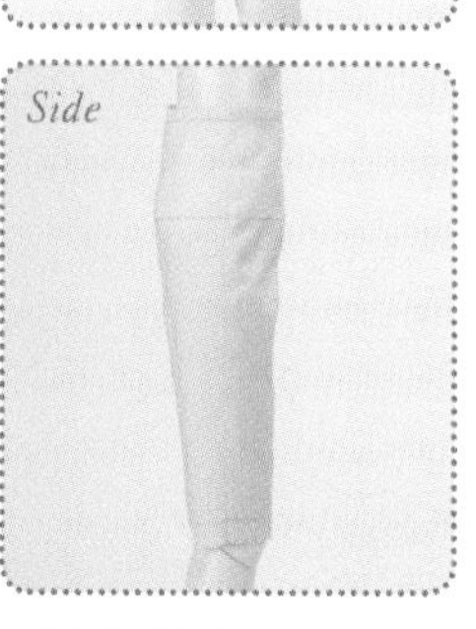

褲襠的U字形曲線前後相差很大，有必要加以注意。原型是腰圍線在肚臍之上的高腰款式設計，因此如果想要露出好看的腹肌線條的話，可以將腰圍線的位置調低。

name: U-noa Quluts 姐
maker: 鍊金術工房

Back

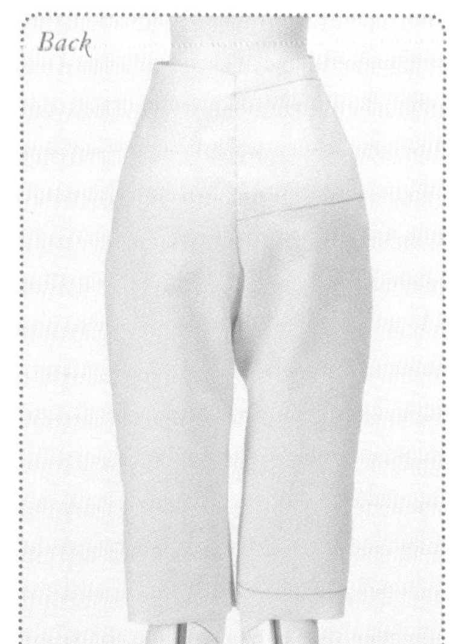

Front

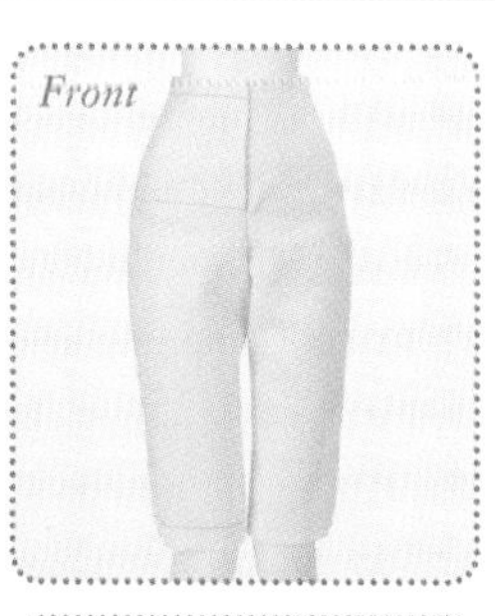

Side

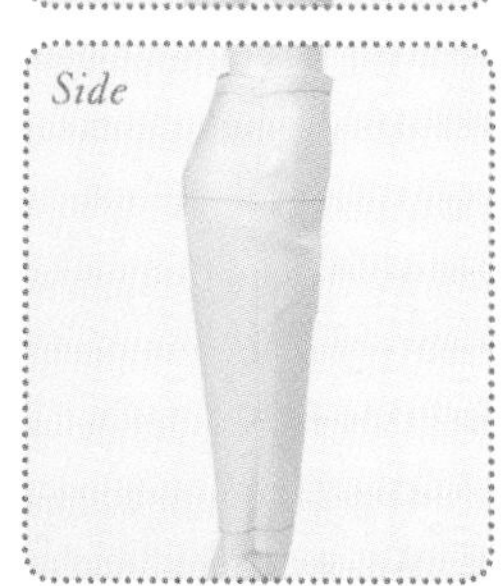

臀圍與腰圍尺寸相差甚多，但只要多捏住一些後中心與側邊的分量收緊，還算勉強可以不需要加入縫合褶設計的原型。

name: U-noa Quluts 少年
maker: 鍊金術工房

Back

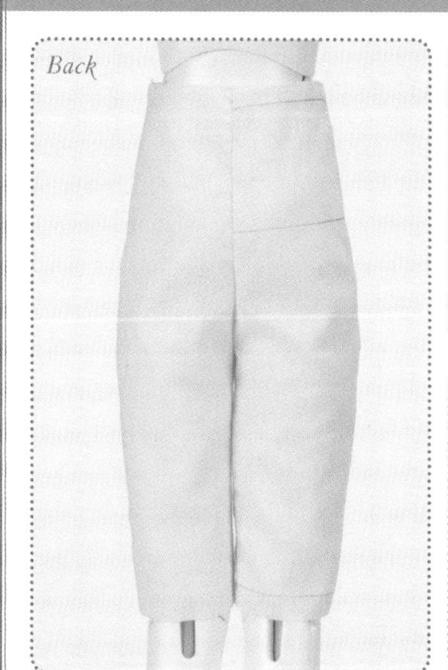

Front

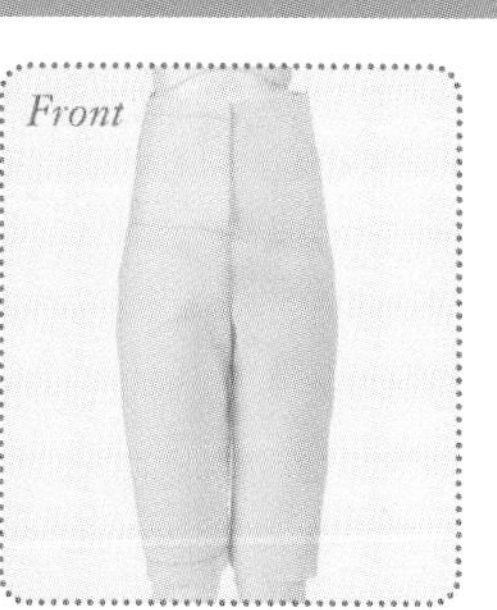

Side

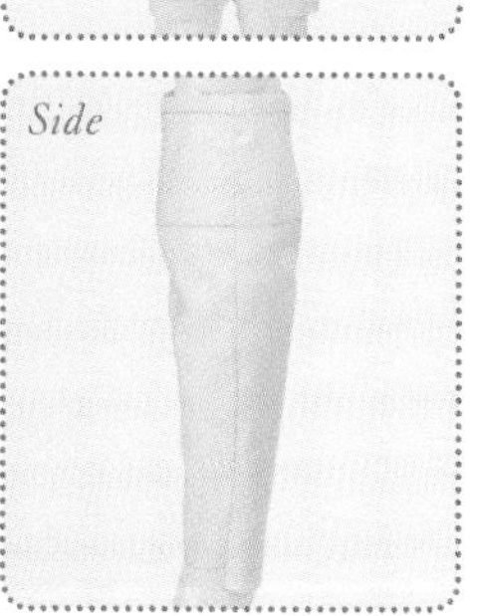

原型製作成為無附屬部位設計的款式。由於褲襠的曲線不是漂亮的U字形，因此多少需要微調曲線的角度。

name: U-noa Quluts 少女
maker: 鍊金術工房

Back

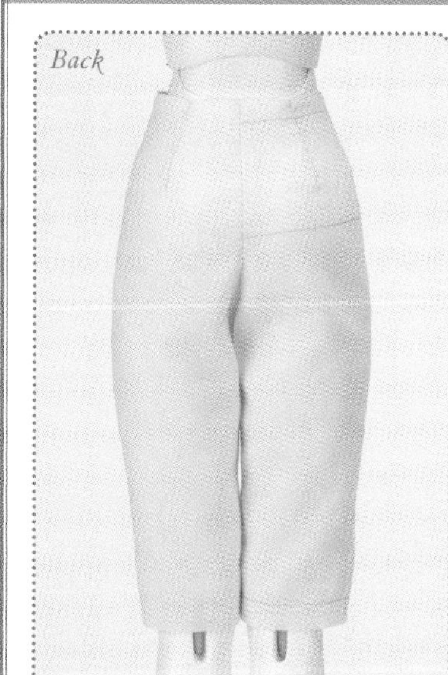

Front

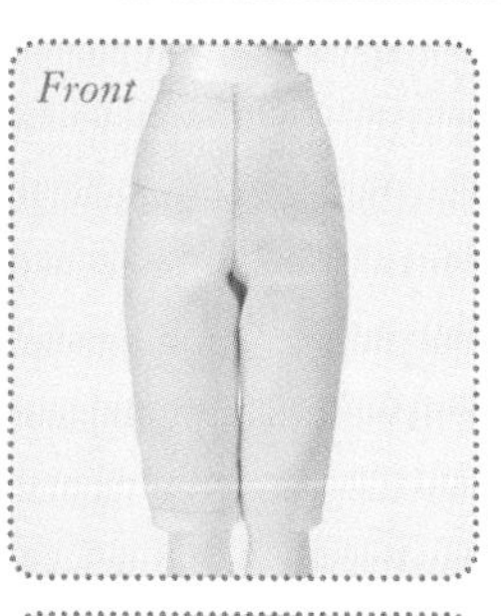

Side

腰圍與臀圍尺寸有差異，因此加上了後縫合褶的設計，呈現出漂亮的臀部線條。製作高腰款式設計時，為了不要被大腿卡住穿不上去，要在開口或腰圍寬幅的部分進行調整。

name: U-noa Quluts 小孩子
maker: 鍊金術工房

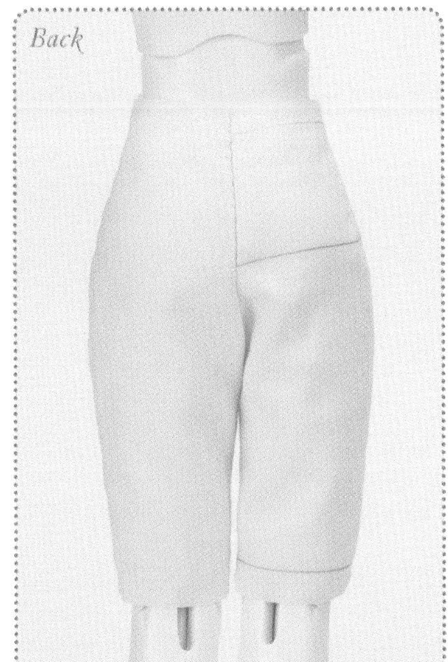

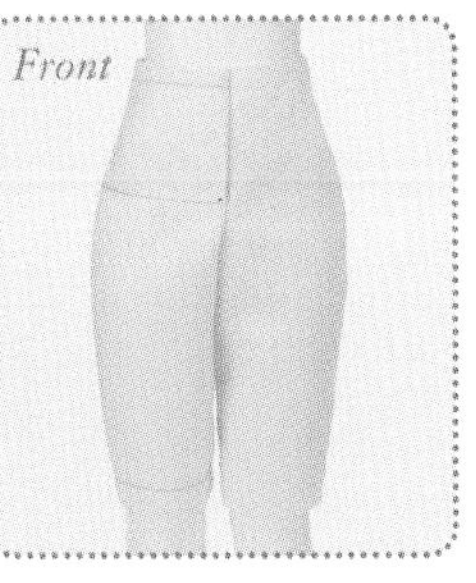

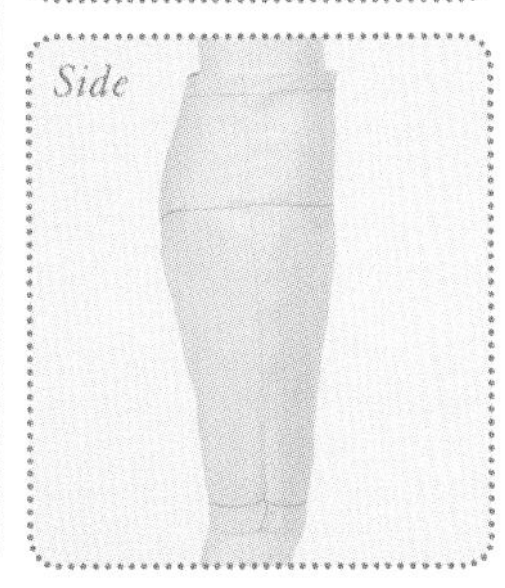

視後中心與側邊捏住鬆份的分量而定，不加上後縫合褶的設計也能呈現漂亮的曲線。如果想要製作高腰款式的褲子，需要將腰圍部分加寬以免被大腿卡住穿不上去。

name: U-noa Quluts Zero
maker: HOBBY JAPAN

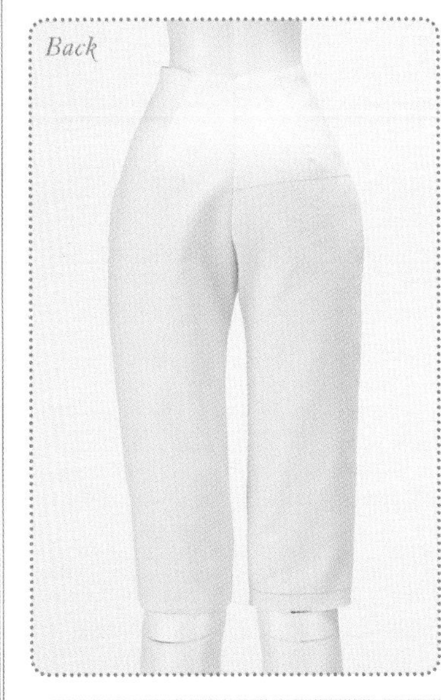

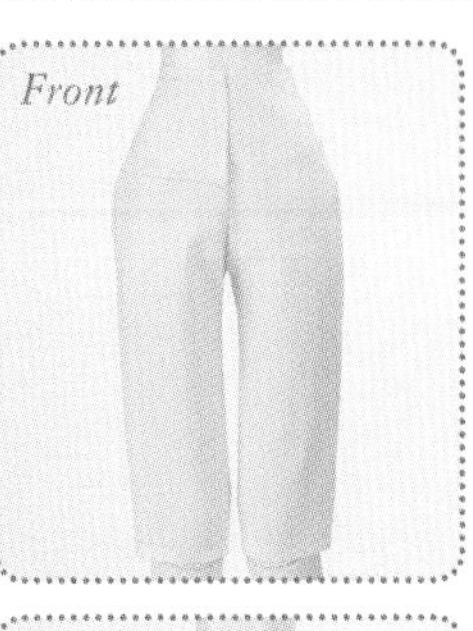

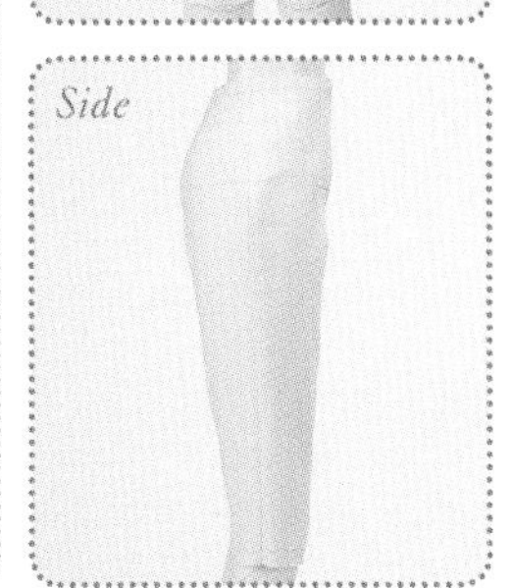

因為腰圍與臀圍尺寸有差距的關係，加上了後縫合褶的設計。另外因為大腿較粗，如果想要製作高腰款式的褲子，需要將腰圍部分加寬以免被大腿卡住穿不上去。

name: OBITSU 55
maker: OBITSU

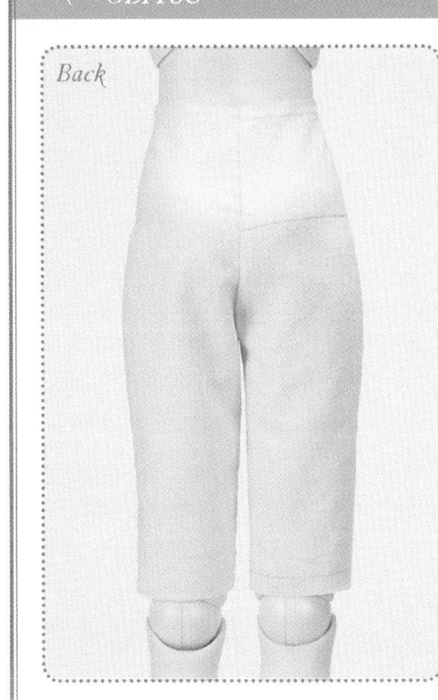

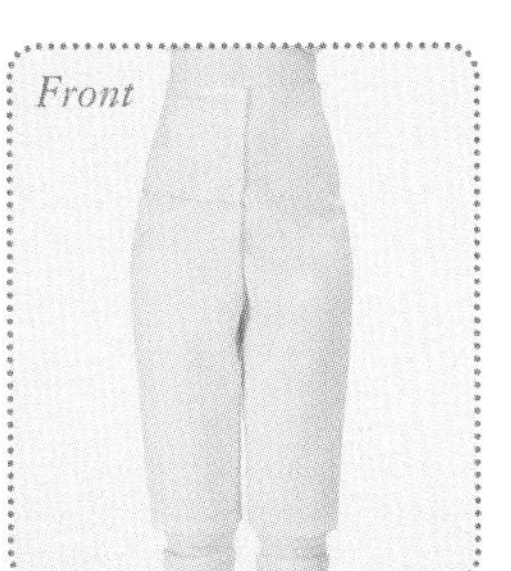

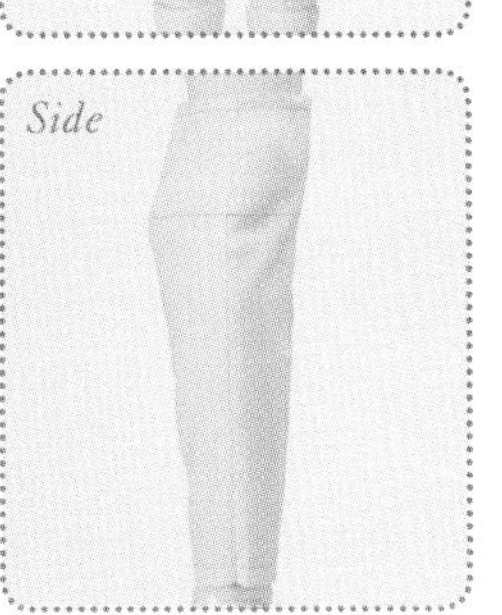

雖然這個身體的腰部沒有什麼腰身，不過臀部有點大，因此建議可以將側邊與後中心多捏住一些分量收緊，以符合身體的曲線。

name: OBITSU 48/50
maker: OBITSU

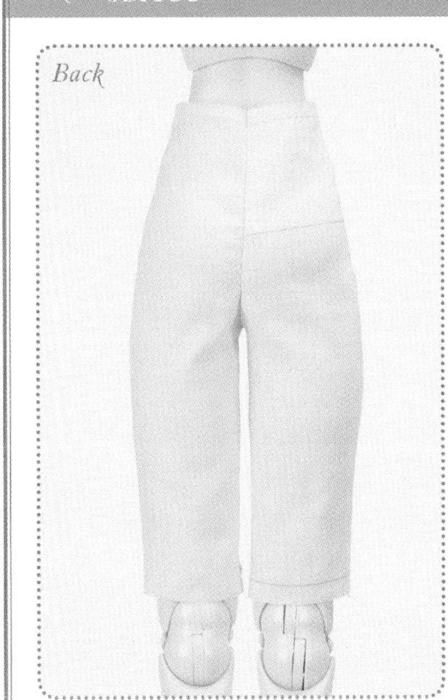

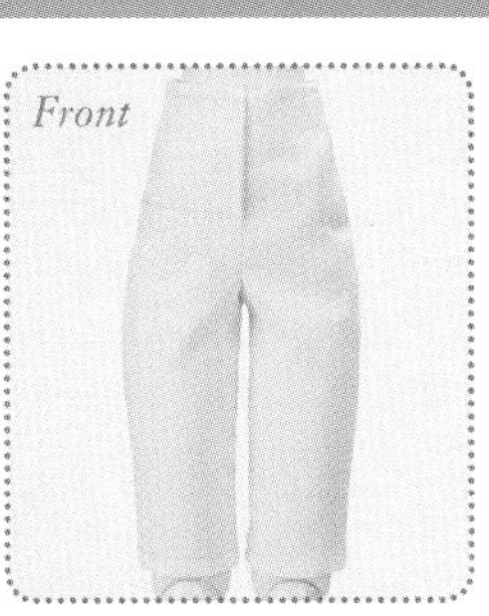

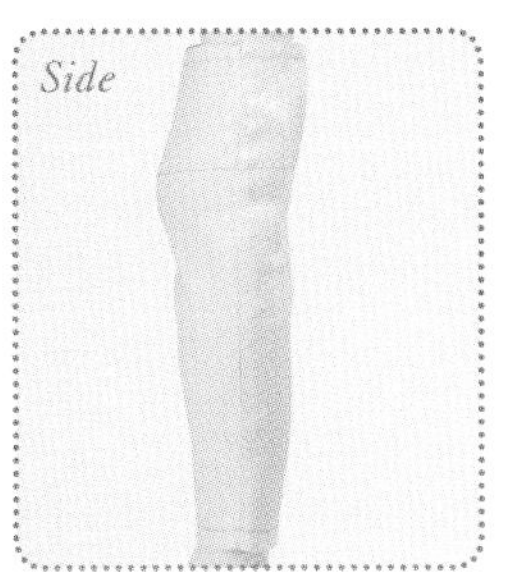

這個身體的大腿較粗，如果穿著褲襠較深的褲子，容易被大腿卡住。可以將腰圍線的位置降低、加寬開口的尺寸，或者是將腰圍的尺寸稍微加寬一些。

name: **Pure Neemo FLECTION S 女孩子**
maker: *AZONE INTERNATIONAL*

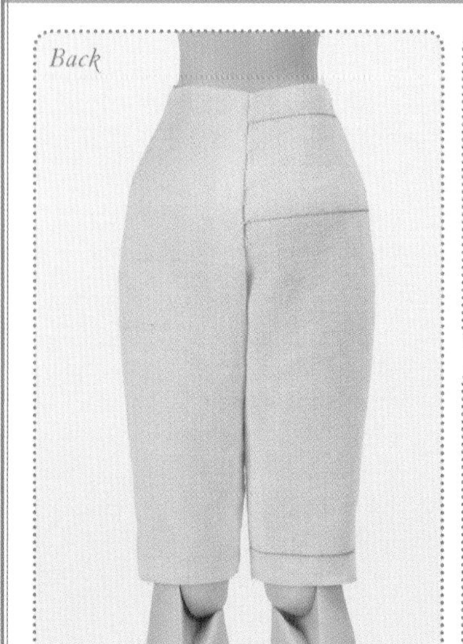

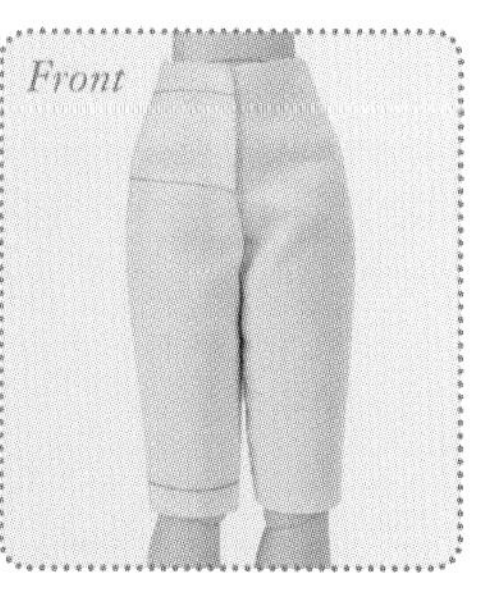

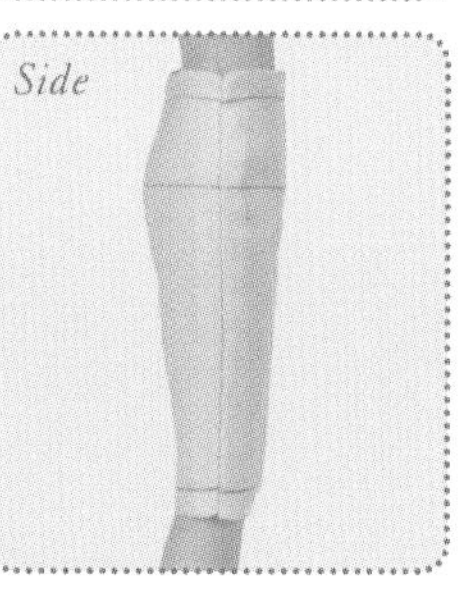

娃娃身體因為臀部較大的關係，總是讓人猶豫是否要加入縫合褶設計。小尺寸娃娃一旦加入縫合褶，厚度就會增加，因此這個原型是將側邊與後中心多捏住一些多餘的鬆份，來避免使用到縫合褶的設計。

name: **momoko DOLL**
maker: *SEKIGUCHI/PetWORKs*

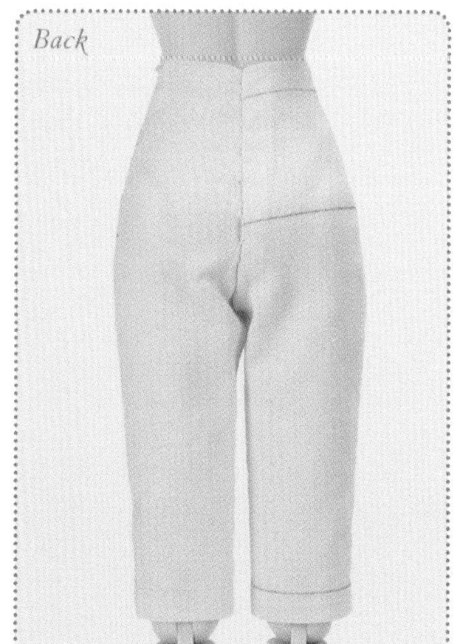

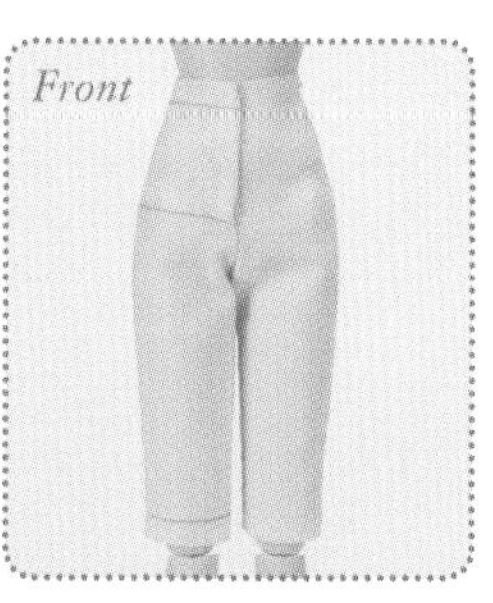

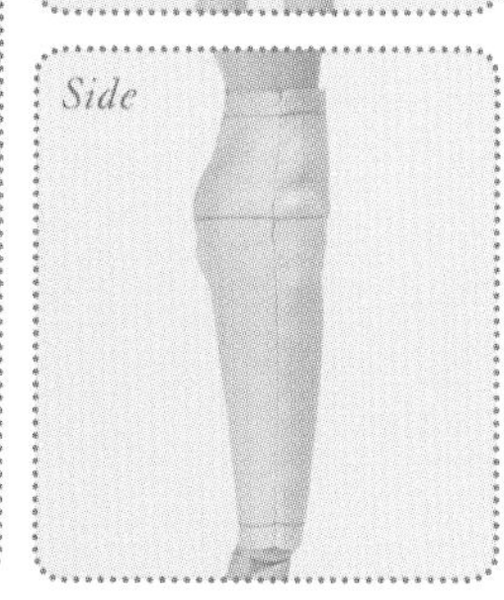

雖然腰圍與臀圍尺寸有差異，不過只要多捏一些後中心及側邊多餘的部分，就算沒有後縫合褶的設計也能呈現出漂亮的臀部曲線。

name: **KIKIPOP !**
maker: *AZONE INTERNATIONAL*

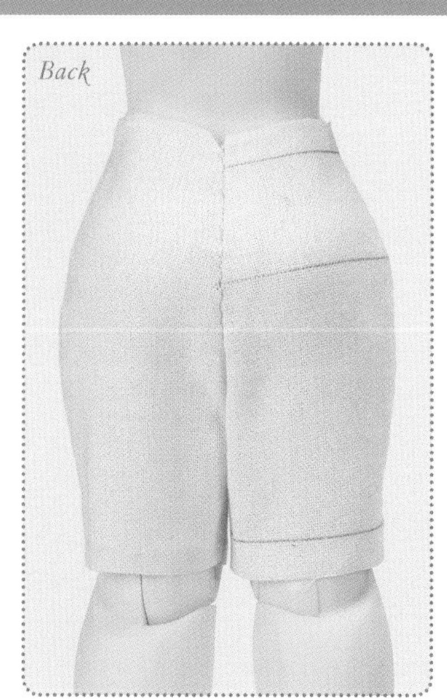

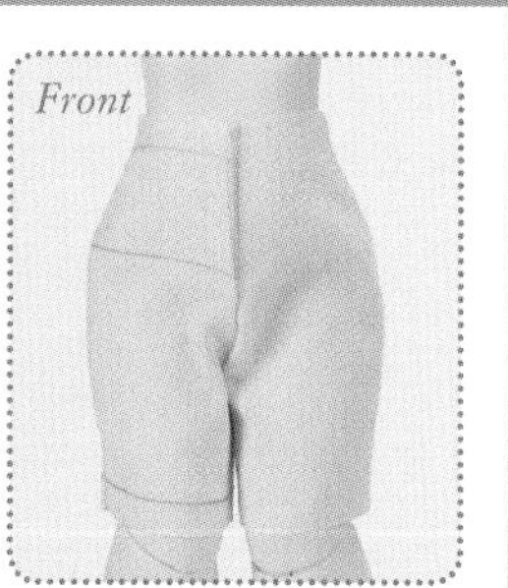

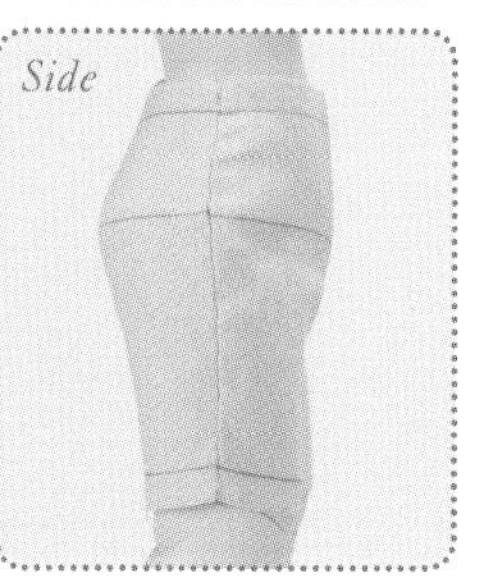

這個娃娃的臀部較大，體型就像是一顆洋梨。因為中心及側邊捏了相當多鬆份，所以這個原型的腰圍線與臀圍線呈現出很明顯的V字形。製作紙型的時候請將其修改為曲線。

name: **Pure Neemo FLECTION XS 女孩子**
maker: *AZONE INTERNATIONAL*

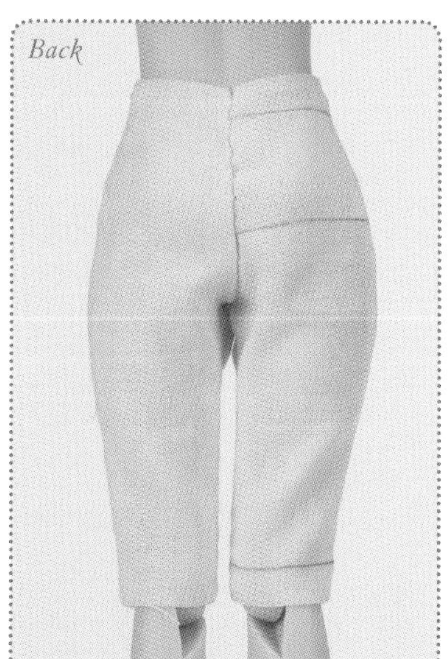

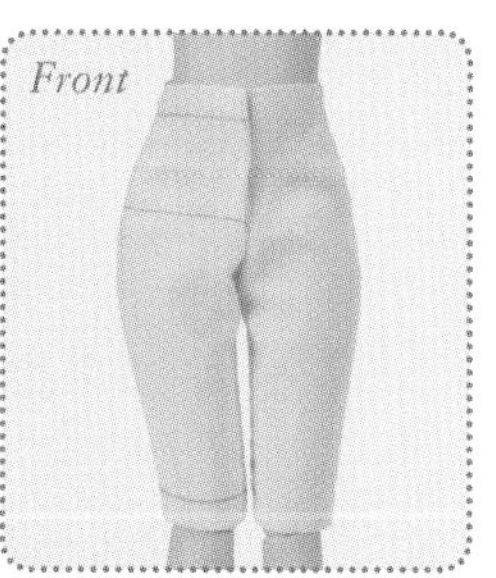

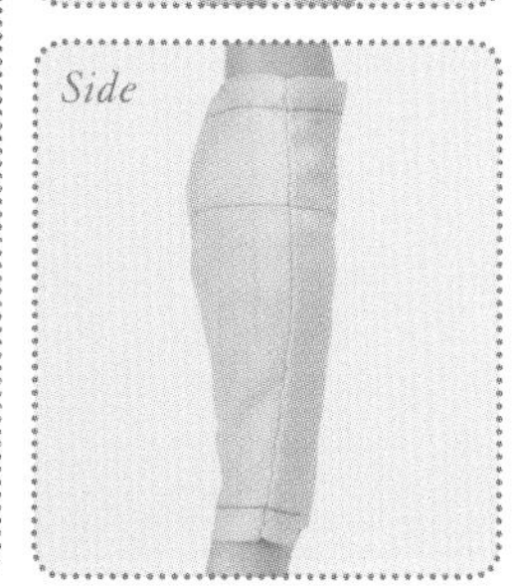

腰部呈現反弓的角度，由側面看起來褲襠並非呈現垂直的U字形，而是有些傾斜。也因此前面的大腿根部附近容易形成皺摺，建議使用具有彈性的素材來彌補。

name: **珍妮娃娃**

maker: *TAKARATOMY*

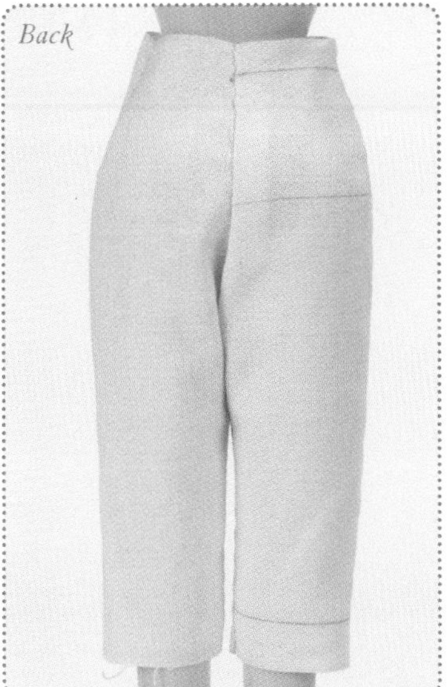

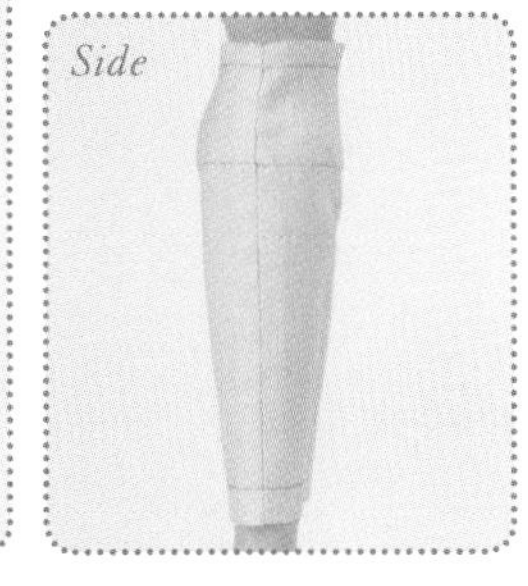

這個身體的褲襠幾乎就是標準的U字形，臀部凸出得也不是很明顯，很適合用來練習製作1/6尺寸的褲子原型。尺寸比莉卡娃娃稍微大一些，也許作業起來會更方便。

name: **莉卡娃娃**

maker: *TAKARATOMY*

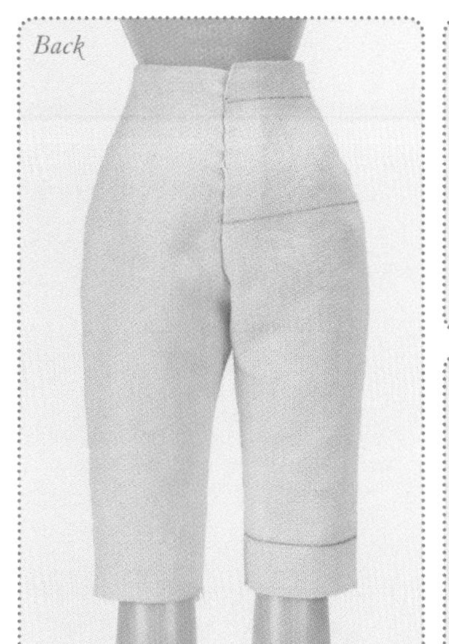

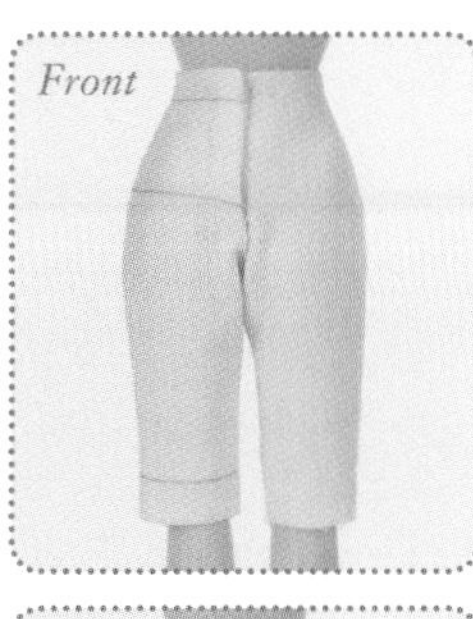

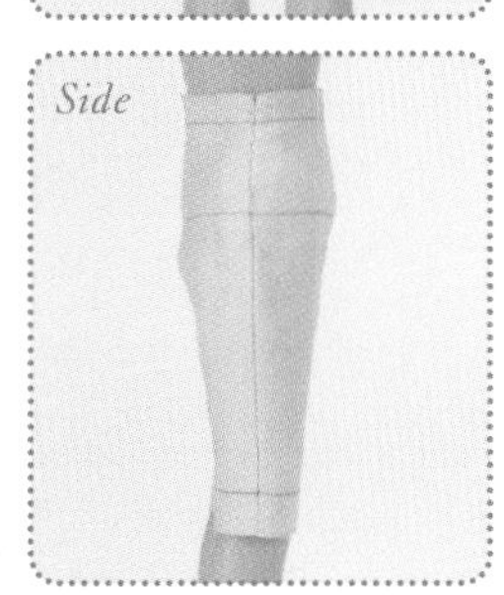

褲襠幾乎就是標準的U字形，臀部凸出得也不是很明顯，因此相當容易製作。想要製作1/6尺寸的褲子原型的人，非常建議可以先用這個娃娃身體來當作練習。

name: **Middie Blythe**

maker: *TAKARATOMY*

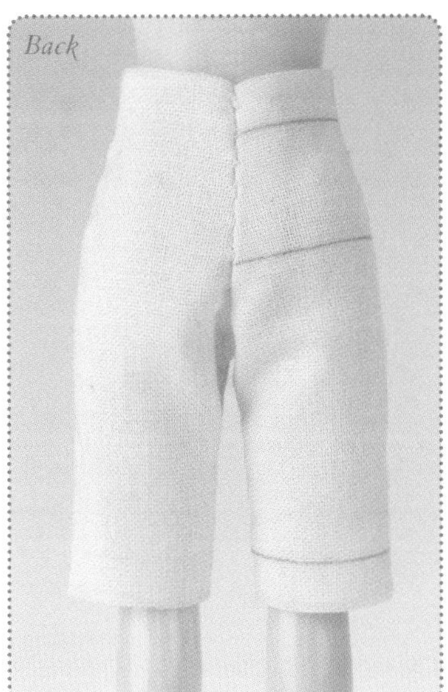

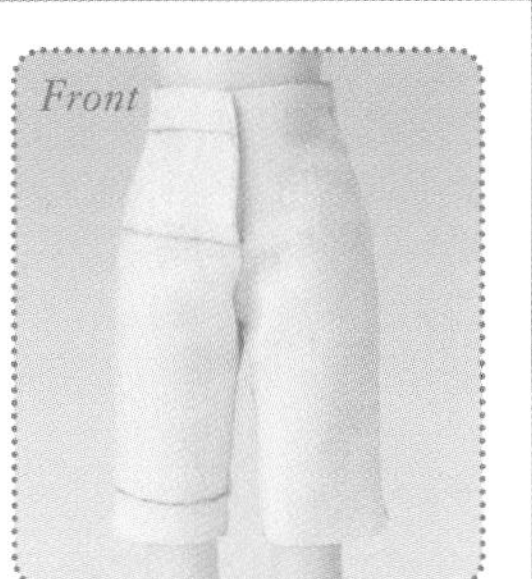

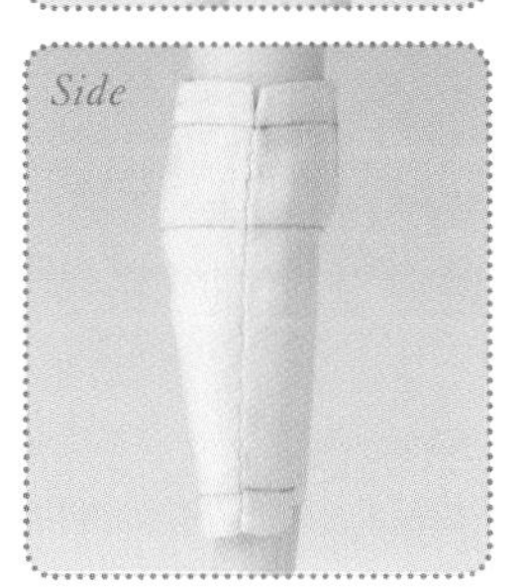

由於尺寸較小，作業起來可能會有點辛苦。不過和Neo Blythe一樣，褲襠幾乎就是標準的U字形，臀部凸出得也不是很明顯，算是較好製作的娃娃身體。

name: **Neo Blythe**

maker: *TAKARATOMY*

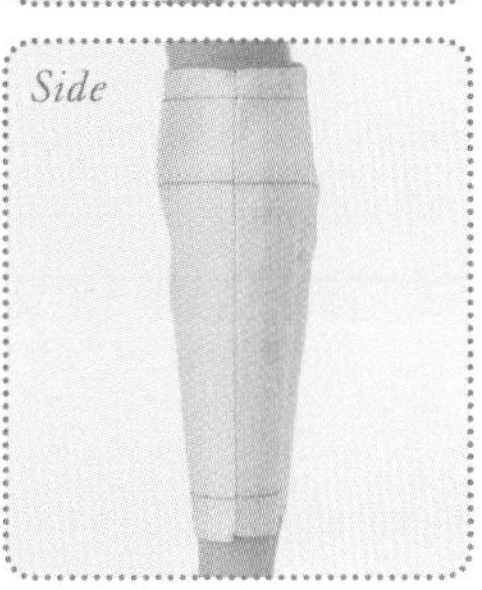

褲襠幾乎就是標準的U字形，臀部凸出得也不是很明顯，便於製作。身體採用不易滑動的素材，如果使用不好延伸的布料製作時，開口的尺寸要加大一些比較好。

name: Pullip
maker: *Groove*

雖然腰圍與臀圍尺寸差異很大，不過只要多捏一些後中心及側邊多餘的部分，就算沒有後縫合褶的設計也能呈現出漂亮的臀部曲線。

name: Tiny Betsy McCall
maker: *TONNER*

褲襠說是U字形，其實比較像半圓形，左右腳大腿根部相隔有些距離易於製作。與大腿相較之下小腿很細，就算製作合身的尺寸，膝蓋處看起來也會有點寬鬆。另外要注意此娃娃的腳踝無法折彎。

name: Wonder Frog
maker: *STUDIO-UOO11*

褲襠呈現U字形，臀圍與腰圍的尺寸沒有差異，而且左右腳的大腿根部分得很開。要注意如果原型的尺寸製作得太細窄的話，會不好穿上。

name: Picconeemo S
maker: *AZONE INTERNATIONAL*

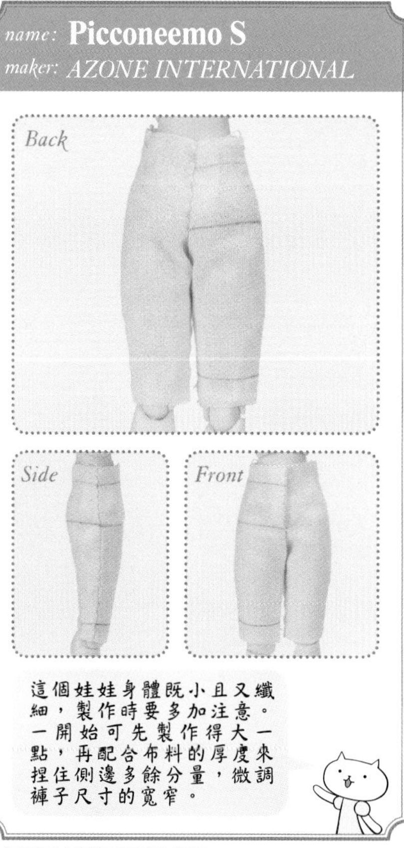

這個娃娃身體既小且又纖細，製作時要多加注意。一開始可先製作得大一點，再配合布料的厚度來捏住側邊多餘分量，微調褲子尺寸的寬窄。

name: OBITSU 11
maker: *OBITSU*

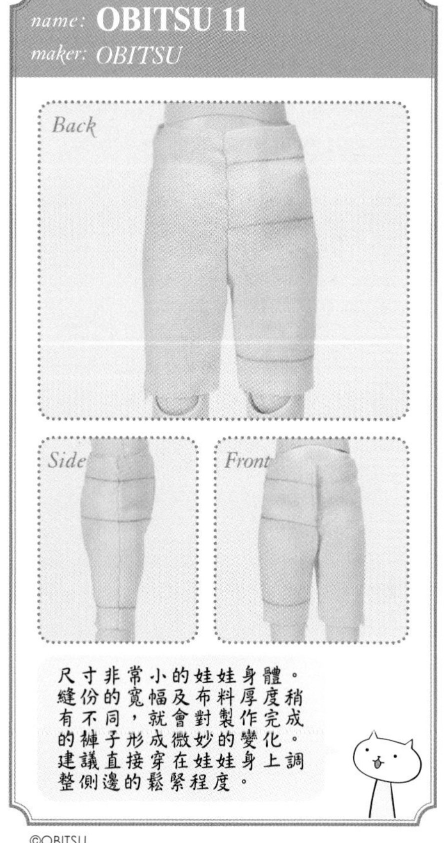

尺寸非常小的娃娃身體。縫份的寬幅及布料厚度稍有不同，就會對製作完成的褲子形成微妙的變化。建議直接穿在娃娃身上調整側邊的鬆緊程度。

關於同意使用範圍

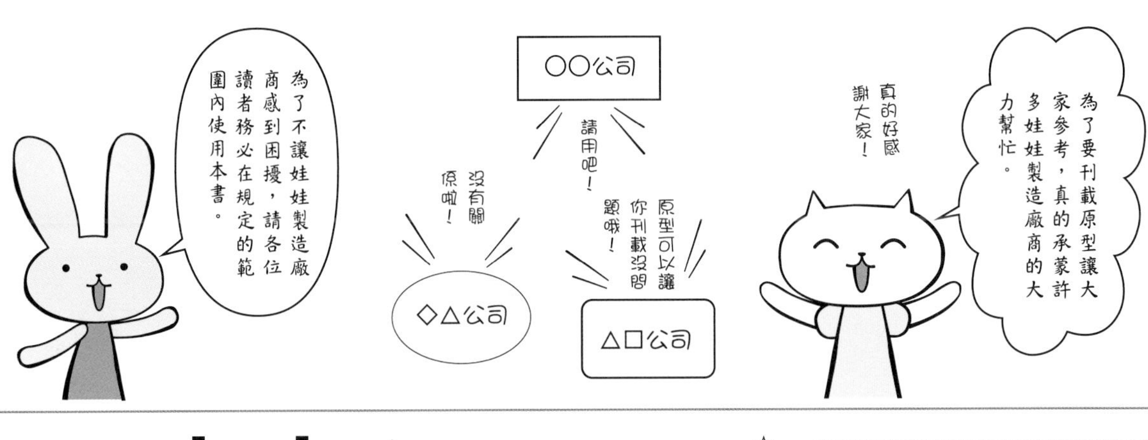

允許範圍

參考本書的紙型製作方法，由自己從零製作的紙型可以自由使用。

☆由自製紙型製作出來的原創設計衣服或紙型書

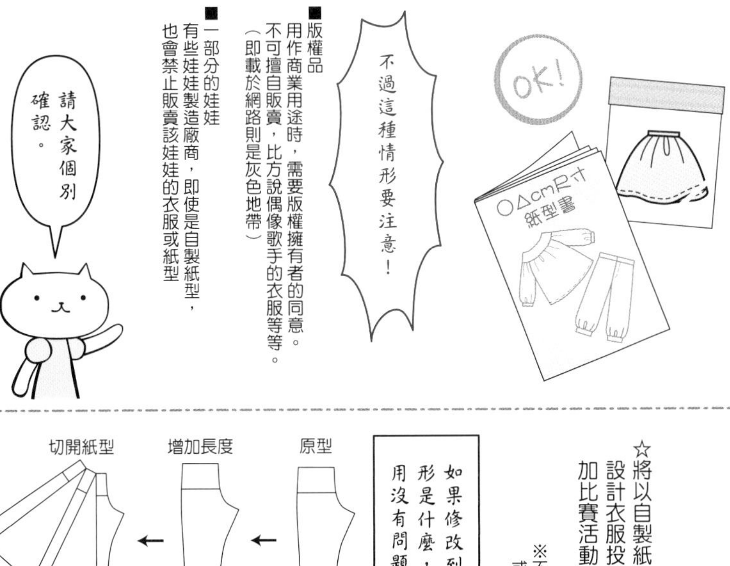

■版權品
用作商業用途時，需要版權擁有者的同意。不可擅自販賣，比方說偶像歌手的衣服等等。(即載於網路則是灰色地帶)

■一部分的娃娃
有些娃娃製造廠商，即使是自製紙型，也會禁止販賣該娃娃的衣服或紙型

☆將使用原型製作的衣服上傳至自己的部落格或SNS

☆將完成的衣服或製作過程刊載於網路

☆將以自製紙型製作出來的原創設計衣服投稿到雜誌，或是參加比賽活動

※不管是哪種，只要是自己拍的，或是經過作者允許的照片都OK的，

如果修改到看不出原本的原形是什麼，那就可以自由使用沒有問題

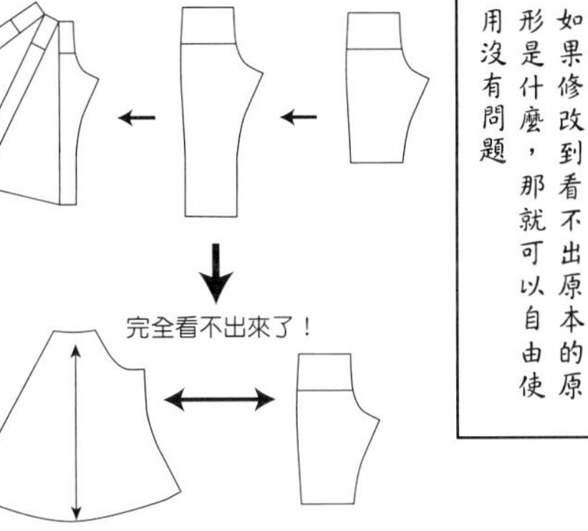

不允許範圍

☆將本書的內容轉載到別的地方

製作衣服的過程在某種程度上都很相似，因此不好判斷，不過請避免任誰都看得出來的明顯轉載行為

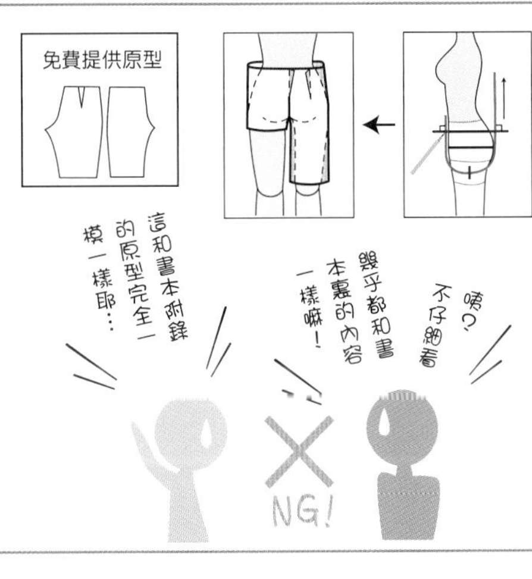

☆請不要將附錄的原型直接或只更動一部分的紙型散佈或使用於商業用途

(例)使用只是修改原型一部分的紙型製作出來的成品

販賣衣服

¥○□△○

○○尺寸娃娃褲子紙型

就算是免費發送紙型也不行

※包含紙型的放大縮小版本在內

娃娃服縫紉 BOOK

荒木佐和子の紙型教科書2

— 娃娃服の裙子・褲子 —

－作者－

荒木 佐和子

－製作協力－

山崎 那奈

－設計－

田中麻子

－攝影－

玉井久義・葛貴紀

－編輯－

鈴木洋子

－協力－

VOLKS Inc./ Renkinjyutsu-Koubou, Inc./ Obitsu Plastic Manufacturing Co.,Ltd

SEKIGUCHI Co.,Ltd. / PetWORKs Co., Ltd. Doll Division

TOMY COMPANY,Ltd./ Cross World Connections Co.,Ltd

AZONE INTERNATIONAL / Groove INC.

Tonner Doll Company / STUDIO-UOO

國家圖書館出版品預行編目(CIP)資料

荒木佐和子の紙型教科書2 : 娃娃服の裙子・褲子 / 荒木佐和子作 ; 楊哲群譯 -- 新北市 : 北星圖書, 2017.09

面 ; 公分

ISBN 978-986-6399-65-7(平裝)

1.玩具 2.手工藝

426.78 106006979

人體模型製作協力 / Kiiya Co.,Ltd

娃娃服縫紉 BOOK

荒木佐和子の紙型教科書 2 : 娃娃服の裙子・褲子

作　　者 / 荒木佐和子
譯　　者 / 楊哲群
發 行 人 / 陳偉祥
發　　行 / 北星圖書事業股份有限公司
地　　址 / 新北市永和區中正路 458 號 B1
電　　話 / 886-2-29229000
傳　　真 / 886-2-29229041
網　　址 / www.nsbooks.com.tw
E-MAIL / nsbook@nsbooks.com.tw

劃撥帳戶 / 北星文化事業有限公司
劃撥帳號 / 50042987
製版印刷 / 皇甫彩藝印刷股份有限公司
出 版 日 / 2017 年 9 月
I S B N / 978-986-6399-65-7 （平裝）
定　　價 / 350 元

ドールソーイング BOOK 型紙の教科書 – スカート・パンツ